創見文化，智慧的銳眼
www.book4u.com.tw　　www.silkbook.com

創見文化，智慧的銳眼

www.book4u.com.tw　　www.silkbook.com

嘘！
別讓人聽見！

# FBI

Discourse
psychological
techniques

# 不輕易曝光的
# 機密說話術

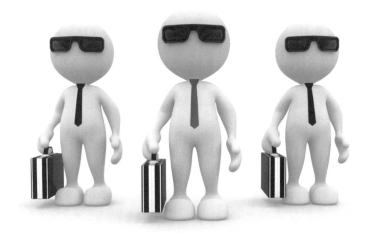

談判與銷售訓練專家 **楊智翔** / 著

# 會說話，贏人心，好辦事

眾所周知，「成功」總是青睞那些會說話、善溝通的人。會說話的人，一開口就萬事通。也就是說，會說話是打開成功大門的一把金鑰匙，可以帶來意想不到的效果。但是，能說話≠會說話！我們每個人都「能說話」，能開口說出自己的想法，但「會說話」就不是人人都做得到的，「會說話」的人，懂得用恰當的語言去說動他想溝通的對象，巧妙地影響別人。本書就是要告訴你這是個影響他人的巨大訣竅——瞭解人們所想，從讀心到攻心，進而說動他。

想要人們按照你的意願去做事情的第一步，就是要先知道他們要什麼、喜歡什麼、追求什麼。千萬別誤以為，你喜歡什麼別人也喜歡什麼，你追求什麼別人也追求什麼。而是你要去找到他們所喜歡、他們所追求的東西。接著，你只需簡單地向他們說明，只要去做了你要求他們做的事情之後，他們便可以獲得他們想要的東西。

假設你是一名老闆，正在想挖角一個菁英人才進公司。這時你就要先去觀察這個人，判斷這位人才所渴望的職位和需求，並竭力地吸引他。如果你發現他需要一個較高職位，想要有權，你就應向他表示你能為他提供一個可以讓他大展身手的高職位。如果他因孩子才剛出生，想尋求一個安定的工作，那麼就跟他談安定，講他如何能在公司穩定發展……，總

之，你應發現對方所想、所看重的點，然後告訴他們按你的意願去做便可達到目的。就是要這樣順著人心說對話，才能句句說到對方心裡去，讓情勢對自己最有利，讓事情發展照著你的劇本走！

所以，只有出色的口才才能夠幫助自己施展才華，贏得讚賞，才能讓自己的努力事半功倍。社會上那些取得成功的人，如果不是富二代的話，就是聰明的說話者。可以毫不誇張地說，成功人士所取得的不凡成就，有一大半都是靠舌頭去創造的。正如成功學大師卡耐基所說：「現代成功人士80%都是靠舌頭打天下。」

但是，在現實生活中，我們還應該看到這樣的現象：有很多人具有出色的才華和優秀的工作能力，但美中不足的是，缺乏必要的溝通能力。他們有著很好的創意、良好的溝通願望、希望得到別人的關心，朋友的認可，但是卻不懂得如何運用語言去親近人，走進人心。因此，在交際場合，他們就只能扮演著一個被冷落的角色；在社會和工作中，陪伴他們的，只有自己的影子。時間久了，他們對生活失去興趣，對工作失去熱情，他們的人生也會因為得不到別人的關注和肯定而一輩子黯淡無光。

沒有人不想追求成功，也沒有一個人不希望得到別人的欣賞和認可。但是，面對笨嘴拙舌的缺陷，許多人就陷入了深深的苦惱之中。那麼，怎樣才能彌補這一缺憾呢？這就需要我們去學習相關的知識與技巧。那麼，該怎樣讓自己變成一個溝通高手呢？我們不妨向美國的FBI特務學習攻心說話術，來提升自己的溝通能力。

筆者以FBI調查局幹員內部培訓用的非公開機密講義、FBI解密卷宗和案例為藍本，研究FBI資深探員們數十年的犯罪調查和審訊的經驗，並結合了自己本身對非言語溝通及心理學的專業實戰經驗，教你專業但並不艱澀的讀人、讀心溝通術。

FBI美國聯邦調查局擁有最為權威、專業的語言心理實戰經驗，他們能夠用高效的語言技巧迅速深入人心，套取到最為真實有效的資訊。他們的經驗告訴我們，想與人進行高效的溝通，想瞭解對方心裡最隱秘的事情，就要在溝通中讀懂人心，在言語上技高一籌。

　　本書的誕生就是為了讓讀者們能夠擁有和FBI一樣的語言表達技巧和溝通技巧，讓每一個人都能成為交際的高手，並以此為臺階走向成功。本書最大的特色是綜合FBI的故事，與職場環境相結合，告訴職場上班族朋友應該從哪些方面去提升自己的溝通能力和處事能力。

　　本書將教會你如何透過觀察、找線索、建立主導地位、表達友善，突破僵局的技巧，在關鍵時刻解除對方的心防，從讀心到攻心，從肢體到語言，揭穿謊言，並在溝通中捕獲到你所需要的資訊，抓住人心，輕鬆掌握對方的回應，達到你所期望的效果。無論你是與他人唇槍舌戰，抑或質問，還是善意溝通，想要獲取真實資訊，本書教你如何才能讓自己一開口就說到對方心裡去，順勢占上風，只要學習本書的FBI機密說話術，就能達到你想要的結果，都能夠讓人照著你的劇本走！

作者　謹識

# FBI教你巧妙「破冰」，拉近距離

# FBI教你巧妙套話，捕獲真言

## CHAPTER 03 FBI教你打動人心，贏取信任

## CHAPTER 04 FBI教你突破言語障礙，占盡上風

# CHAPTER 05 FBI教你掌握溝通方法，突破僵局

# FBI教你巧用溝通規則，提升效果

# 01

# FBI教你巧妙「破冰」，拉近距離

　　我們和素不相識的人進行聊天的時候，往往會因為生疏而產生一些心理隔閡，不知道從何談起，FBI告訴我們，可以從正確的稱呼、親切的微笑、適度的寒暄、優雅的談吐等方面去進行，以此來拉近彼此的心理距離，獲得他人的好感，讓溝通一路順暢。

*Discourse psychological techniques*

FBI

# 01 稱呼對了，就打開了交流之門

FBI認為，稱呼是人與人溝通的開始，它既是見面禮，也是打開交流之門的鑰匙。無論是FBI內部工作人員的交流，還是向市民調查取證，都應該選擇正確的稱呼。稱呼用對了，對方就願意與你進行溝通交流，反之，他們就會對你產生排斥心理，拒絕和你合作。

你是否曾經有過因稱呼別人不當而招致對方反感的情況？

你是否曾為不知該如何稱呼對方而發愁？

見到陌生人你知道怎樣稱呼可以贏得對方的好感嗎？

如果你今年三十多歲，你是希望人家叫你大姐還是美女？是叫大哥還是帥哥呢？

如果你自認經歷成就豐富，且德高望重，你是希望對方稱呼你老陳？還是尊稱你陳總、陳董、陳老先生呢？

稱呼絕不是簡簡單單的一個名詞，同時也是一個人的自身修養和對別人尊敬程度以及交談雙方關係的展現。所以稱呼是決不能亂用錯用。

FBI認為，稱呼的基本規範就是要表現出對對方的尊敬、恰當地說明兩者之間的關係，讓雙方的溝通變得更加順暢，使彼此的距離有效地縮短。我們在交談中就要留意應有的分寸，使用正確的稱呼。

一個稱呼，你叫對了，讓人聽了舒服、歡喜，就會願意與你接觸；若是不小心叫錯了，惹得對方不快，更嚴重的話若是因此而得罪了對你有

影響的要人，那豈不冤枉。所以在與人的交往中，你應該注意自己的稱呼方式，稱呼對了，別人會更喜歡你，否則，往往會引起對方的不快甚至惱怒，使雙方的交流還沒開始就陷入尷尬之地，導致交流不暢甚至中斷。

如何正確稱呼別人呢？FBI認為，就國際禮儀交往的慣例上來說，因為國情、民族、宗教、文化背景的不同，稱呼就顯得千差萬別。主要重點有二：一是要掌握一般性的原則，二是要注意國別差異。FBI根據東西方不同的文化分成兩大部分來分析、總結如下：

# ❶中國人的習慣稱呼

### ★ 稱呼姓名：

如果對方是自己的同事、同學和朋友，彼此之間都非常熟悉，就不妨直呼其名。比如，「吳浩明」，「林小寧」等等；如果對方比自己年齡小，也可以稱其名，這樣就顯得比較親切。但對方比自己年長，就不能這樣稱呼了。對於年長者，一般可稱其為「張大哥」「周哥」；對待那些和自己交情不錯的人，稱呼他們的時候，最好不要帶姓，叫名字就可以了。

### ★ 職務性稱呼：

每天與我們互動的人之中，有不少人具有著高級或者是中級的職稱，這是他們取得一定成就的具體標誌，那麼我們在稱呼他們的時候就要直接以職務相稱。這種職務性的稱呼可以分為三種：直接稱呼比如「教授」、「博士」「工程師」等；在姓氏後面加上職位，比如「王教授」「張主任」「趙總」等等。

### ★ 職業性稱呼：

在交際生活中，有時候可以根據對方的職業進行稱呼。用對方目前從事的職業進行稱呼可以表現出你對他的瞭解和興趣。比如直接稱呼對方為「老師」「醫生」「律師」等等。在這種職業之前，通常是要加上姓氏或者姓名的。

### ★ 性別年齡的稱呼：

在交際場合中，如果不清楚對方所從事的職業，不妨按照約定俗成的稱呼來稱呼對方。在稱呼別人的時候，既要注意性別的差異，又要注意年齡層的不同。早期，稱呼未婚女性為「小姐」，已婚女性為「女士」，然而現在已經沒有了這種刻板老套的界限，在非正式的場合下，都可以用「美女」來稱呼對方。至於男性，最好還是稱呼「先生」為佳，那些「哥兒們」「兄弟」的稱呼，會讓你顯得過於輕浮，最好別用。

## ❷ 西方人的習慣稱呼

### ★ 重要人物的稱呼：

對於一些有著社會地位的重要人物，要加上其頭銜。如博士、教授、大使、校長等。為了表示進一步的尊重，還應該在這些頭銜之前加上對方的全名或者是姓氏。

在西方，有三種稱呼在名片上和頭銜上始終適用。這三種稱呼是：博士（Doctor）、大使（Ambassador）以及公侯伯子男的貴族爵位。

在和重要人物交談的時候，一定要加上頭銜，否則將可能引起對方的不快，給你帶來一些不必要的麻煩。

### ★ 與自己認識的人的稱呼：

一般情況下，可以用「Sir」、「Madam」或者是「Mrs」來稱呼對方。不過，值得注意的是，在這些名詞之前需要加其姓而不能加其名。比如，美國國父喬治‧華盛頓，人們一定稱之為華盛頓總統、華盛頓先生，而不能稱其為喬治先生。

### ★ 陌生人的稱呼：

也可以可以「Sir」和「Madam」稱呼之。不過前提條件是對方看起來是一個長者或者是雖不知對方的名字卻知道對方的地位很尊貴。另外，對於正在執行任務的官員和警員，人們可以直接以「Sir」來稱呼之。而相對於女士則一律以「Madam」來稱呼，不論她是否已婚。

**話術 POINT**

☞想要順利打開交流之門，就要讓自己的嘴巴甜一點，在每一個稱呼中都傳達出「你很重要」、「我尊重你」、「我重視你」這樣的訊息。除了長幼有序、年齡有別之外，還要根據關係親疏、遠近、地域不同等因素來判斷。你需要對你將開口交談的對象的具體情況都有大致的了解，在談話中選擇正確的稱呼，可以使對方感到親切，而你也能給別人留下一個良好的印象。

# 02 見面第一句話就要抓住人心

　　幾乎每個FBI都是交際高手。他們在和別人交談的時候，能夠一句話就抓住對方的心，深深地吸引對方。那些和FBI交談的人，不但願意傾聽他的講話，還願意主動配合，向其提供必要的資訊。

　　究竟FBI有什麼本領能夠一開口就深深地吸引到人的注意力呢？是與生俱來天生的嗎？絕對不是。FBI告訴我們，要想讓別人和自己進行有效地交談，形成有益的互動，就要在見面的第一句話上下一番工夫。只要是第一句話說好了，就能讓對方消除心理屏障，在最短的時間內與自己產生心理上的共鳴。

　　例如和客戶初次見面，你第一句話的價值是一語千金。如果能夠把你的第一句話說好，你才有機會和顧客繼續談下去，繼而就有成交的機會。如果你沒有說好自己的第一句話，就少不了要吃閉門羹了。

　　FBI認為，無論你交談的對象是誰，第一句話就應該傳遞出親熱、友善、貼心的資訊。要達到這種效果的方法有很多，比如攀談式，毫無功利目的的談話，透過聊天讓對方逐漸對你卸下心防；還有敬仰式，透過讚美拉近雙方的心理距離，唯有如此，才能消除彼此的陌生感，取得對方的好感，讓雙方的交談順利地進行下去，談得投機。

練習
Tips

FBI提供了以下三種方式，我們不妨來學習一下：

# ❶ 問候式談話

問候式談話能夠給人帶來親切感。FBI認為，簡短的一句問候可以傳遞出三方面的重要資訊：我把尊重送給你、我把親切感送給你、我十分願意和你成為朋友。當你將一句問候傳遞給對方的時候，就能夠讓對方瞭解到你的熱情、友善以及涵養。

FBI探員詹姆斯常常坐火車去異地城市辦案。在火車上，他就會主動和身旁的旅客打招呼，「您好，您是去老家探親的吧。」或者說：「您好，能不能借您的報紙看一下？」於是，他就和那些乘客們天南地北地聊了起來。在聊天的過程當中，詹姆斯就能先一步瞭解一些目的地城市的情況，也收穫了很多重要的線索，為最終的破案提供了很大的幫助。

在現實生活中，我們在說第一句話的時候不妨多說一些問候式的話語。多將「您好」作為問候致意的常用語。若能因對象、時間、場合的不同而使用不同的問候語，效果則更好。例如：對德高望重的長者，應說「您老人家好」，以表敬意；對年齡跟自己相仿者，稱「大哥，您好」，顯得親切。

# ❷ 敬仰式的談話

FBI認為，敬仰式的話語能給人貼心的感覺。不過採行這種方式的時候要掌握一定的分寸，盡量做到恰到好處，不能肉麻地吹捧，在內容上也應該因時因地

而異。比如：「您的熱善好施在這個社區裡是出了名的」，「早就聽說過您是一位知名的畫家，沒想到今天竟然能在這裡和您聊上幾句」，絕不能用那些「久仰大名」「百聞不如一見」這一類的普通到不行的詞。

誰都希望別人關心自己，重視自己，如果你能夠針對性地選擇合適對方的話題，對方就會對你產生好感，也就願意和你談下去，提供你想要的資訊。

有一次，探員吉姆想從一個作家那裡瞭解一些線索。他剛見到這位作家時，並沒有一開始就提和案子有關的話題，而是對他說：「您寫的作品棒極了，我經常看你寫的文章，有時候還會模仿您的寫作手法寫一些東西……」那位作家聽後，非常感動，沒等吉姆開口問，就將自己瞭解的情況全部告訴了他。

在生活中，我們和別人交談時，不要過多地以自我為中心，而是要多談談對方的話，在言談之中多說一些仰慕甚至是恭維對方的話。這樣的談話能夠消除對方的敵視心理，拉近彼此的關係。

## ❸互攀關係拉近彼此的距離

FBI説，面對任何一個素不相識者，只要是你願意認真觀察或調查一番，都能夠從中找到一些或明或暗、或遠或近的親友關係。找到這種關係之後，就要有效地加以利用，及時地和對方拉關係，套交情，如此一來，就能迅速地縮短彼此間的心理距離，讓對方產生對你親切感。

FBI在和一些陌生人交往的時候，都會盡力地和對方「拉關係」。譬如「你的家在加州，我的童年就是在哪裡度過的，説不定咱們小時候還曾經一起玩過呢」，「你是華盛頓州立大學的碩士，我也是從那裡畢業的。今天遇到了校友，真讓人興奮啊」。這種初次見面就互相攀關係的談話方式，能夠讓對方對你產生親切感，減少拘束感，也能讓其願意主動和你交談。

FBI強調，和陌生人打交道並沒有那麼可怕，如果你選擇閃躲，將會一事無成。只要你能夠採取主動的態度，熱情地說好第一句話，親切自然地和他們聊天，就能夠贏得對方的好感，拉近彼此的距離。在生活中，我們就應該向FBI學習，和陌生人交談的時候，說好第一句話，抓住對方的心。

## 話術 POINT ★★★

　　☛說好第一句話的原則是親切、貼心，讓別人對你消除陌生感，拉近雙方之間的距離。而讓自己說好第一句話，這就需要你在談話之前，仔細觀察和判斷你的談話對象。從他外在的衣著，到內在的心情，都要洞察入微。俗話說「從細微處見品性」，這對於你能否說好第一句話，是至關重要的。

　　你可以從尋找對方感興趣的話題開始。因為第一句話，僅僅是良好的開端，要談得投機，讓對方有好感，必須先開啟一個對方關注的話題，你們才有機會再聊下去。

# 03 親切微笑，讓對方樂於聽你說話

　　FBI在執行追捕任務或者是宣佈命令的時候，通常都是不苟言笑的，因為那種場合需要嚴肅的表情和嚴肅的氣場。不過，在溝通場合，尤其是在和同事或者是市民打交道的時候，FBI們的臉上總能帶著親切隨和的微笑。因為他們明白，微笑是一種親切的表情，能夠感染別人的心情，讓人們感受到一種輕鬆的氛圍，也就能營造出一種舒適融洽的氣場，可以讓對方樂意傾聽你說話，以愉悅的心情和你交談。

　　在現實生活中，每個人都希望自己擁有「親和力」，渴望別人與他親近，與其和諧相處。要想實現這一願望，我們就應該學習用親切的笑容來打動別人。

　　有一位每天陷於枯燥乏味生活裡的小職員，曾有這樣一種經歷：

　　「我已經結婚十年了，」他說，「在這十年當中，從我起床開始，到離開家門之前，很少對我的太太微笑。如果需要她幫助拿一些東西，語氣通常也是很生硬制式的，太太對我很不滿意，對我說的每一句話都很厭煩。在公司裡情況也是一樣，和同事交流，我總是一副公事公辦的口氣，因此，同事們對我也是話不投機三句多，僅止於公事上的互動。」

　　「缺少理解，缺乏溝通，我的生活就陷入了無盡的煩惱中。後來，我一位FBI探員的鄰居，他就衷心地建議我，要想讓太太和同事們樂意傾聽自己的說話，首先就應該讓自己有一個親切的笑容。我採納了這位FBI

的建議，決定先試行一個月看看。」

「第二天吃早餐的時候，我主動向太太打招呼，微笑著對她說『早安，親愛的。』我的笑容雖然有些不自然，但是太太卻看出了其中的善意，我的第一步讓她非常感動，臉上不但沒有了不耐煩，反而還主動和我討論起了裝修房子的事。——這在以前都不曾有過。」

「在上班的一路上，見到大樓管理員、社區警衛，我不再繃緊面孔，而是主動地去和他們打招呼，微笑著對他們道一聲『早安』；走到地鐵站的售票口，我會微笑著和售票員換零錢；來到公司樓下，我也會對那些一起來上班的同事們報以親切的笑容。」

「我發現，每一個人回應我的都不再是冷冰冰的，都對我報以微笑。尤其是在和客戶打交道的時候，我一邊耐心地聽著他們的抱怨，一邊面微笑著做出說明。結果這些顧客的怒氣很快就消失了，他們以一種愉快的心情和我討論問題的解決方案。—— 一個月下來，客戶對我的客訴率明顯下降，業績也成長了。」

微笑是一個非常神奇的東西。有了微笑，就有了好的心態，擁有了好的情緒。更重要的是，一個親切的微笑，能夠傳遞出善意，可以讓對方感覺到你的真誠與熱情。如此一來，無論他對你有多大的防備心，最終都會被這個親切的微笑所溶化。在你的笑容面前，他也不好意思再扳起面孔，對你愛理不理了。

微笑不僅僅是一個表情，而是一種和善的態度，美麗的笑容是一個人內心世界的「顯示器」，其表達出的親和力能夠感染別人，征服別人。一個經常面帶微笑的人，一定是一個備受他人歡迎的人。他那淡淡的笑容背後，散發著迷人的魅力，吸引著人們向他靠近。

「真誠的微笑，其效用如同神奇的按鈕，能立即接通他人友善的感

情。因為它在告訴對方：『我喜歡你，我願意做你的朋友。』同時也在說：『我認為你也會喜歡我的。』」這是拿破崙‧希爾的經驗總結。

想要微笑得自然迷人，就要先有好心情、好心態，因為發自內心的微笑才是最迷人的。除此之外，我們還可以透過以下的練習，讓自己擁有完美的笑容：

1. 增加嘴唇肌肉彈性。張大嘴，使嘴巴周圍的肌肉得到最大限度地拉伸，這個動作保持10秒；閉上張開的嘴，拉緊嘴角，同樣也是保持10秒；在上一個狀態下聚攏嘴唇，當嘴唇嘟起來的時候保持10秒。接著用門牙輕咬住筷子，嘴角翹起，並觀察連接嘴唇兩端的線是否與筷子在 一水平線上，同樣保持10秒。

2. 在放鬆的狀態下形成微笑。關鍵是嘴角上揚的程度要一致，否則就不會好看。在這一過程中，你將會發現最適合自己的微笑。

3. 一旦找到自己滿意的微笑，就要進行至少維持那個表情30秒的訓練，剛開始會比較難，但反覆練習之後，就會形成美麗的微笑。

4. 舒展開你緊鎖的眉頭，用整個臉去微笑，經常與人分享你積極樂觀的心態和想法。

有一名FBI曾經說過：「微笑是上帝賦予人類的特權。即便你喪失了一切也不要喪失笑容──那是對自己、他人和這世界的最美麗的祝福。」因此，在和別人的交往之中，我們沒有必要一本正經，不苟言笑，表情嚴肅，也沒有必要抱怨別人的冷漠，而是要從自身做起，學會微笑，以微笑

做敲門磚，來融化他人的敵視與疏遠的心理，打造一個良好的交談環境，開啟順暢的溝通管道。

👉從心理學的角度來分析，人們要拒絕一個面帶微笑的人，要比拒絕一個面無表情的人承受更大的壓力。俗話說：「伸手不打笑臉人。」很少人會忍心拒絕一張微笑著的臉，不是嗎？所以，請記得不要說：「氣死我了」，而要說：「我今天很高興」和「我喜歡你」。並記得以下微笑的妙用──

請求幫助時，帶著謝意的微笑會讓人不忍拒絕。

拒絕他人時，帶著歉意的微笑會讓人不忍抱怨。

與人產生摩擦時，帶著忍讓的微笑會讓人不忍發作。

# 04 切入話題就從寒暄開始

　　FBI身負保衛國家安全、維護社會穩定的重任，其特殊的身分也給予了他們非常大的權力。尤其是在調查案子的線索、搜集資訊的時候，每一個公民都有義務必須要配合他們。在我們看來，當FBI想要對某人進行詢問和調查，只需單刀直入提出要求即可，如果對方拒絕配合，則完全可以「干擾公務」為由起訴他。但是，他們通常不會採取直截了當的方式來和對方進行交談，他們往往是選擇先寒暄幾句，然後再自然地朝心中話題邁進。

　　FBI認為，向知情人調查線索不能表現得太過急切，那樣反而會給對方造成拘束感。即便他願意配合你的工作，也可能會因為過度緊張而忘掉一些東西，而這些忘掉的東西，很可能就是最重要的線索。為了防止這樣的現象，他們通常都會以一些寒暄語做開頭，比如：「今天的天氣似乎熱了點。」或者是「平常上班挺忙的吧！」等等。這些話雖然和想要問的主題無關，但是卻能夠發揮很好的鋪陳作用，能夠在最短的時間之內消除對方的緊張和敵對的情緒。

　　寒暄是衝破心理戒備的有效方法。通常情況下，用輕鬆柔和的語氣，緩和的語調講出短短一句充滿感情的寒暄語，就能夠讓對方的心情徹底放鬆。如此一來，就營造了一個良好的交談氛圍，對方也會知無不言言無不盡，最後取得皆大歡喜的結果。

當然，寒暄並不是談話的主題，只是進入正題的鋪路石。要想讓寒暄正確地發揮作用，不變成廢話，我們就應該掌握必要的分寸。既不能沒完沒了地噓寒問暖，也不能虛情假意地說幾句簡單的客套話就硬生生地切到主題。須知，過度的寒暄，會讓人在不知所云之際再度產生防範之心，簡短的寒暄則和沒說一樣，這些都很難讓你自然又順利地切入到談話正題。

寒暄並沒有固定的模式，一般情況下只需注意以下幾點即可：

# ❶要保持愉快的心情

FBI在向知情人士打探消息的時候，無論面對多麼重大的案子，也無論自己的內心有多麼焦急，很少會在臉上表現出來。他們並不會讓自己的心情感染到別人。因此，在與知情者談話的時候，總是能讓自己保持一份愉快的心情。因為他們知道，只有表現出愉快的心情，才能讓自己在談話中處於主動地位，讓對方瞭解自己的真誠。

FBI還認為，保持愉快的心情是尊重他人的一種表現形式，它可以讓對方感受到你對他的尊重。另外，愉快的心情還能表現出一個人的自信與從容，能夠形成強大的吸引力氣場，也能夠建立起融洽的人際關係，使彼此都不再緊張。

愉快心情下的寒暄可以表現最大的善意。比如，滿臉微笑地一句「您好，感謝您在百忙之中為我們提供幫助。」這樣的寒暄方式讓對方感到熱情、親切、溫暖，自然也就願意為你提供有效的資訊。與之相反，冷漠平淡地說一句「來了，

坐吧。」的開場白勢必會讓對方徒增厭惡，只想快點結束這場交談，更遑論配合工作了。

## ❷ 要選擇一個恰當的時機

　　FBI告訴我們，寒暄時要選擇一個恰當的時機。在打招呼之前，一定要先分析一下對方當時的心情，然後再決定說寒暄語的方式與心情。例如：如果對方的心裡有些不痛快，從他的臉部表情就可以判斷出來，此種情況下打招呼，聲音不要太大，語言也不要太熱情，要低調點；或用詢問式的語言，同時用安慰的語氣來與他寒暄。

　　如果對方臉上喜氣洋洋，你便可以熱情地打招呼，使對方感覺到你的親切與溫暖，進而展開話題。

　　如果你面對的是一名女士，語言可以熱情一些，但不能太過分，也不能開一些過度的玩笑，否則是會讓對方覺得你太輕薄。

## ❸ 要注意內容的恰當

　　FBI的工作性質是必須經常和陌生人打交道。在和陌生人見面後幾分鐘之內，一般情況下並沒有太多的話題可聊，所問的問題幾句話就能講清楚。因此，在這個時候，FBI通常都會做一般性的寒暄，比如問候，互報姓名，談論一些無關緊要的話題等，也不會讓寒暄耗費太多的時間。

　　當然，寒暄時為了展現自己的真誠，就可以從「身邊的事情」、「見什麼人說什麼話」開始談起，如一些個人化的話題、生活化的話題，像是：「您這款手機是才剛上市的吧！聽說功能都是最新的。」、「這餐廳生意真好！」、「昨天的國慶煙火轉播很好看！」、「週末有去哪裡玩嗎？」等，用這些比較輕鬆又

不會引起對方反感的話題，來拉近雙方的距離。畢竟，如果沒完沒了地問一些籍貫、住址、身世等話題，就容易造成一種審訊的假像，極可能引起對方的反感。因此，我們就要多多運用睹物生情的祕訣，看到什麼談什麼，這樣既顯靈活又可增進彼此間的關係。

另外，FBI還告訴我們，寒暄言語的長短，內容的繁簡，往返的次數多少，是要與交談雙方關係的親密程度成正比，如果我們面對的是一個熟悉的人，寒暄的話不妨多說一些，因為那樣更能顯示出彼此之間的關係，建立起更和諧的交談氛圍。

👉「好的開始是成功的一半。」同樣的原則也適用於對話的場合。一場對話如果有好的起頭，之後的發展自然會很順暢，和對方有好的互動。

寒暄的目的是拉近雙方距離，給對方留下好印象。所以，在寒暄時一定要留心自己的態度，要用熱情、主動、真誠、友善、謙虛的態度來應對。而且幾句「正中下懷」的寒暄，也可避免「話不投機半句多」的現象，才不會被拒絕，甚至招來白眼。所以，我們平常就要訓練自己的觀察力，多多利用對方的個人特點、專業來打招呼，可以事先設計幾套寒暄的話術，以訓練自己在面對不同的對象，就能立即做出反應。

# 05 優雅的談吐讓人願意與你深入交流

一提及FBI，很多人都會想當然地認為他們是態度強硬，說話粗魯的人。而事實上卻並不是這樣，在和人溝通交流的時候，他們總能夠以大方的舉止和優雅的談吐來征服別人。

FBI知道，在和人溝通交流的時候，能否讓溝通暢通無阻，關鍵取決於一個人的談吐，即取決於對方以一個什麼樣的語言方式來和別人進行交流。

FBI前任局長胡佛曾經說過：「在FBI成員的訓練之中，有一種訓練必不可少。那就是優美、高雅的談吐。」高雅的談吐，是一種文明的表現。談吐高雅不僅表現了一個人良好的教養，還在一定程度上代表著一個人的文化修養和處事智慧。優雅的人格魅力並不是一朝一夕就能形成。一個人的人格魅力可能來自於他時刻散發的自信光輝，也可能源自他幽默機智的談吐，也許是他彬彬有禮的紳士做派影響了周圍的人，也可能是因為一諾千金的誠信打動了別人。

FBI的所有成員都非常注意自己的談吐。因為他們不想給人留下不好的印象，更不想因為語言上的失分而給自己的工作帶來不利的影響。因為他們知道，一個人的語言是否文明，談吐是否優雅，完全可以決定一個人在交際場合的受歡迎程度。

怎樣做才能成為一個談吐高雅的人呢？FBI告訴我們，在說話的時候要注意以下幾點：

## ❶ 多使用敬語

說話時使用敬語是最基本的禮貌，「請」、「謝謝」、「您好」等總是能夠給人留下一個好印象。如稱呼對方為「您」、「先生」、「小姐」等；用「貴姓」代替「你姓什麼」……在談話過程中，適當使用敬語，能展現你對對方的重視，同時，使用敬語與對方交談，也展現著談話者自身的學養和個人修養，是談話者自身能否贏得對方尊重的前提條件。

## ❷ 用語文雅

在言談中經常使用一些較為文雅的詞語，往往能顯示出一個人的文化修養，也可以讓對方感受到你良好的教養和學識，一方面會對你更加尊重，另一方面，也會對你更加重視和關注，自然也會熱情地回應你。

FBI指出，文雅的詞語不一定是書面語言，更不是故意說些「專業術語」，而是一種寓文雅於隨意中的一種具有大家風範語言。如果是單純地賣弄華麗的辭藻，只會顯示出你的淺薄；過度地咬文嚼字，則會讓人覺得酸味十足。

## ❸ 聲音大小要適當

語調應平和沉穩。無論是普通話、外語、方言，咬字要清晰，音量要適度，

以對方聽得清楚為準，切忌大聲說話；語速不宜過快，一是聽的人會聽不明白；再來就是聽上去給人一種愛吵架的印象；第三，語速快了，也會影響自己的思路。所以不要語速太快。語速慢下來的好處是，聲音聽起來比較有磁性，也顯得較穩重。語調要平穩，盡量不用或少用語氣詞，使聽者感到親切自然。

## ④ 語氣委婉含蓄

優雅的談吐還表現在與人交流的過程中，講話不要太尖酸刻薄，而要注意溫婉含蓄。無論處於什麼情況下，我們都要能控住自己的情緒，講話時把語氣放平緩，口氣盡量委婉和含蓄。

語氣的委婉含蓄也是FBI口才的魅力所在。他們在與人與交談的過程中，遇到了比較棘手的問題，並不從正面直指矛盾或問題的焦點，不去觸碰對方話題中最敏感最尖銳的地方，而是從側面切入，暗中點明自己要說的主要涵義，以此來避免不愉快的產生。

一般情況下，FBI在與人交談時，會盡量多使用用肯定和積極的口氣回應對方。因為他們知道，肯定的語氣和積極的語態代表一個人的自信與開朗、豁達和寬容。因此，他們會在別人發表意見後立刻回應給對方一個肯定，來表達對對方的尊重。如果對方的觀點自己並不贊同或者有必要提出一些不同的意見時，FBI也會用委婉謙和的態度提出，不會給人難堪。

## ⑤ 話語要有品味

FBI探員在與人交談的時候，常常能夠接二連三地說出閃爍著智慧火花的、精彩的名言佳句，讓人羨慕不已。他們之所以能夠說出如此有品味的話，並不是因為先天就具有這種本事，而是在日常生活中能夠透過各種方式加強自己的修養，提升自己的內涵，來提高自己語言的品味。

☞在與他人交往中，如果能做到言之有禮，談吐文雅，就會給人留下良好的印象；相反地，如果滿嘴髒話，甚至惡語傷人，就會令人反感討厭。

優雅談吐習慣的養成絕不是一日之功，只要我們經過長時間徜徉於文化和藝術的氛圍中，大量且持續地吸收其中的精華與靈氣，讓文化與藝術的氣息把自己浸透，就能讓自己的語言、談吐以及行為舉止、一舉一動一言一行，都變得優雅起來。一旦變得優雅之後，也就能夠給他們留下一個良好的印象。人們自然就會願意親近你，與你交流，使你得到越來越多人的歡迎和認可。

# 06 談點自己的糗事，拉近彼此的關係

　　很多人對叱吒風雲的FBI探員充滿了神秘感和好奇心，認為他們每一個都是精明幹練、高高在上而又喜怒不形於色的人。其實，真正接觸過FBI的人卻並不這樣認為，實際和他們相處過後，才瞭解到FBI不是超人，也不是生活在神話裡的人，而是一個活生生的，有喜怒哀樂的人。也正是因為如此，他們才得到了大多數人的信賴與支持。

　　在和別人接觸交談的時候，FBI能夠把真實的自己呈現給對方，很少會把自己包裝成一個十全十美的人。在必要的時候，他們還會談一些自己的「糗事」，來博得對方的好感、鬆卸心防。因為他們知道，把自己營造得越完美，就等於是拉開和別人之間的距離，很難取得他人的信任。

　　有一次，記者採訪一名剛剛破解了一個大案的FBI探員：「在和犯罪份子交手的時候，你感到害怕嗎？」許多人都認為這名探員一定會回答說：「沒有」，但是沒想到他卻說：「害怕過。就拿這次來說，如果有機會的話，我就逃跑了。但當時的條件不允許，我不得不拚了性命和他們進行打鬥。要不是想著趕緊離開現場的話，或許我就被他們打死了……」記者們聽到他的回答，都輕鬆地笑了起來，同時，也都覺得這位FBI非常可愛，是個真性情的人。

　　很多人都會有這樣的擔心：自我暴露出缺點、弱點、向他人展現自己的隱私，講出自己的「糗事」，很可能會讓對方看不起自己，疏遠自

己。其實，這種擔心是多餘的，從以上的故事中我們不難看出，說出自己的「糗事」，不但沒有任何的負面作用，反而還會讓人感覺到你是一個誠實的人，同時，也會更加親近你和信任你。

我們常常覺得，「秘密」就應該藏在心裡，只講給最親密、最信任的人聽，這是人們的思維慣性。所以，當你選擇性地分享自己生活中的趣事或糗事甚至隱私，主動伸出友誼的手，對方自然也會回報一定的信任和親密，甚至將此視為你們之間的秘密，成為建立私交的基礎。

在人際交往中，適當地透露一下自己的糗事，是一種拉近彼此關係獲得他人信任的處事技巧。樂意與別人分享自己的不足，就等於是樂於向別人推心置腹進行交談，因此，也就能立即吸引別人，塑造好感。

很多心理諮商師就是用這種方法讓他們的患者打開心房的。通常會來找心理諮商師的人往往心理都有些問題，他們也常都很敏感，而且心理防線非常牢固，不會輕易把自己的心事說給別人聽。這時聰明的心理諮商師就會主動先拿自己的心事與他們分享，主動暴露一下自己的苦惱、糗事或缺點，讓對方覺得大家都是一樣的人，都有各自的不如意。這樣再來聊接下來的話題就會變得容易許多，對方也更容易對你侃侃而談。

人之相識，貴在相知；人之相知，貴在知心。一個從不表現個人情感和想法的人，會給人一種不真實的印象，也就會讓人心生隔閡，產生戒備。很多人都會有這樣的感受：自己推心置腹地和別人講述個人真情實感的時候，對方卻顧左右而言他，大打太極拳，不和你交心，這對於說話者來說，就會感到非常不舒服，對那個閃爍其詞的人也就難以產生親切感和依賴感。反之，當一個人向你詳細地陳述內心的真實感受，毫不忌諱地說出自己的糗事時，你就會覺得這個人對你非常信任，而在感動之餘對他充滿好感。

　　一名心理學家曾經說過：「要想換取別人的信任，首先就應該讓人瞭解到真實的自我，這樣的人在心理上才是健康的。」因此，在和同事相處的時候，你就不妨向對方透露一點自己的隱私，講一些無關緊要卻效果十足的「糗事」，這樣就能迅速換取他人對你的信任。

　　當然，凡事都應該有個度，在透露個人糗事的時候，也應該掌握一定的界限，也不能讓自己變成他人的笑料。否則的話，就有自輕自賤的傾向，也會讓別人看不起你，更會給他人留下一些嘲笑捉弄你的把柄。因此，在向別人透露個人糗事的時候，我們就應該掌握以下兩點原則：

## ❶透露的訊息量要適當

　　一個從不表露自己內心想法的人，很難和別人建立密切的關係，而一個總是向他人灌輸過量資訊的人，也不會引起他人對你的好感。因為，喋喋不休地講述自己遇到的種種尷尬或者是難堪，很可能讓對方覺得是疲勞轟炸，也可能引起他們對你的輕視之心。因此，在講個人隱私，透露糗事的時候，要做到恰到好處，既不能沒有，又不能太過。

## ❷提供的資訊最好和別人的生活和性格相近

　　糗事雖然是自己的，但在透露隱私的時候最好選擇和別人的生活相近的資訊，換句話說，就是講一些別人也曾經有過的類似的事。這樣做有兩方面好處。第一，避免授人以柄。畢竟，這樣的事情誰都碰到過，別人也不太會因為你的糗

事而嘲笑你，因為他也有類似的經歷，在這些事情上並不存在優越感和批評權。第二，可以迅速拉近彼此雙方的距離，讓對方將你視為知音。當別人得知你們的「尷尬遭遇」相似時，就會覺得兩者之間在性格上有很多相似的地方，心理上也就自然而然地願意和你更進一步來往。如此一來，雙方的感情就能迅速升溫了。

---

**話術 POINT**

☛心理學家說：「自我暴露一些糗事或不完美，能促進雙方對彼此的信任程度與接納程度。」把一些不為人知的小糗事說給人聽，對方會覺得跟你很親密，自然更加願意與你接近，把自己的心裡話吐露給你聽。

如果你想贏取人們的信任，獲得好人緣，就不要把自己裝得那麼清高與完美，相對於冰山美人而言，是不是那些有些小缺點的迷糊傻妞更容易受到大家的喜愛呢？相較於那些看起來完美、強勢、無懈可擊的人，我們是不是更願意跟有缺點的人交往，也就是說如果你願意對一個人說出自己的糗事或缺點，除了會得到對方的信任之外，還能讓對方放下對你的防備，輕易地接納你。

# 07 建立共同語言，找到你們的共鳴

　　在與人交談的時候，誰也不願意被人冷眼相待，冷言相譏，更不願意讓冷場出現。要想避免這些情況的發生，我們就應該主動尋找雙方感興趣的話題，來拉近彼此的關係，進而讓交談順暢地進行下去。

　　我們都聽過一些耳熟能詳的成語，如，臭味相投、意氣相投、意同情合……。這些都說明著：同一種人，很容易吸引同一種人。建立共同語言的第一步，瞭解對方是個什麼樣子的人。再來是找到共同的話題。接著再有技巧運用共同或相似的用詞、句子和表達方式。只要找到一條共同話題，情感共鳴很快就能建立起來。

　　用共同感興趣的話題來拉近彼此的距離，不僅要有良好的意願，還應該有正確的方法。畢竟，尋找共同語言不能靠一廂情願的憑空猜想，而是要建立在瞭解對方的心理基礎之上。這就需要我們能夠讀懂對方的內心，找到彼此間都感興趣的區域，從這個角度切入交談，讓彼此的交流順利地進行下去。

　　FBI機密檔案裡提到，他們在辦案的過程當中，會遇到形形色色性格不一的人。這些人包括犯罪嫌疑人也包括知情人。為了能夠從他們口中探查到有效的資訊，探員們就會潛心觀察，仔細分析，耐心尋找和對手之間的共同話題。一旦找到共同話題之後，就以此為突破口，展開交談，然後在神不知鬼不覺中得到自己想要的資訊。他們的運用手法，值得我們借

鑒。

那麼，FBI究竟是用什麼方法來和一個個陌生人建立共同語言的呢？大致說來，有如下幾種：

# ❶ 從對方的生活習慣上尋找共同話題

每個人都會有個人的生活習慣，而這個生活習慣則透露出了很多重要的資訊。FBI機密檔案裡提到：「一個人的生活習慣就是他本人的內心密碼，只要是能夠了解了一個人的生活習慣，也就能對他的性格了解個大概。」由此可見，了解一個人的生活習慣，就有益於找到有利的線索。

在生活中，如果我們想要和一個人進行交往，沒有必要急衝衝地就去和他進行交談，而是要在交談前做一番準備，用心觀察一下對方的生活習慣，從他的穿衣、吃飯、做事風格等習慣中挖掘出他們的「內心密碼」，然後再根據這些「密碼」，認真尋找其想要得到的東西，然後再進行總結歸納，找到彼此共同感興趣的話題。一旦找到了共同話題之後，就可以以此為基點，積極地向對方靠近，主動提出合作，從而實現雙方利益的最大化。

# ❷ 尋找兩者的共同利益

從很大程度上來說，共同話題就等於是共同的利益。一位政治家曾這樣說道：「世界上沒有永遠的朋友，也沒有永遠的敵人，只有永遠的利益。」人和人之間的關係，從根本上來說，就是利益的關係。如果沒有了共同利益，人們之間

就會失去很多友誼。

在每一場交往當中，雙方都可能會有一些或明或暗的共同利益。一旦找到了和對方之間的「共同利益」，就能很自然地將談話進行下去，也能夠讓彼此間的關係得到進一步發展。因此，在面對談話對象的時候，我們就可以盡量地思考一下兩者之間的共同利益。比如，瞭解一下對方的身分、從事的職業，再思考一下他們所需要的東西，與自己的利益黃金交叉點，然後再依此為契機，講一些雙方都比較關心的話題。如此一來，就建立起共同語言，彼此的關係也能更進一步。

## ❸ 從聊天中捕捉共同的話題

人與人之間進行的每一次聊天都是內心想法的流露，一個人說得越多，傳遞出的內心資訊也就越多。一般情況下，兩個人之間的談話時間越長，對方也就越容易捕捉到共同的語言。

有一名資深FBI曾經說過：「每一次審訊都是一次和犯罪份子進行談話的過程，你和他們的談話越深入，你得到的資訊就會越多。在談話的過程當中，如果你認真思考一下，就能夠得到很多有效的資訊，也能夠尋找到更多的共鳴。」因此，FBI在審訊犯人的時候，都會盡量地多和他們進行交談，以便能從中尋找共同的印象，發現共同的語言。

或許，對於我們來說，與熟人建立共同話題容易，和陌生人建立共同話題難。畢竟，我們不像FBI和犯罪嫌疑人的交談一樣，缺乏讓對方開口的條件。不過，我們可以在進行一番寒暄之後，嘗試性地和對方針對某件事情、某些工作做一下交流和討論。在進行交流討論時，無論對方抱持什麼態度和意見，都能反映出其內心世界。一旦我們瞭解了對方的真實想法，就能夠捕捉到有效資訊，順利找到共同話題。

☛在生活中，我們應該都有這樣的體會，在與自己沒有共同語言的人一起交談時，總會感到彆扭、不自在。要想使交談有味道，談得投機，動動腦子給彼此一個共同感興趣的話題，或是相似的經歷，能夠引起雙方的「共鳴」，給雙方一個舒適的交談環境。

有共鳴才有感情，你需要讓對方感覺到你對他說的話感同身受，你能理解他的感受，能明白他在說什麼，而且你們是同一國的，你會在他身邊支持他……這樣一來你們之間就會相談甚歡，對方當然就更容易接受你了。

你要善於找到與對方共同感興趣的話題，其實只要多留意，就不難發現彼此對某一問題有相同的觀點，在某一方面有共同的愛好和興趣，有某一類大家都關心的事情。只有雙方有了「共鳴」，這樣，交談才能夠愉快進行，對方也才樂於與你談下去。

# 08 選擇最佳的交流時間

　　FBI經過多年與人打交道的經驗得出一個結論：不同的天氣會帶來不同的溝通效果。在一個風和日麗、晴空萬里的天氣裡與人交流，對方會因為心情舒暢而告訴你很多有效的資訊。如果選擇在一個陰雨連綿、雨雪紛飛、陰風怒號的天氣裡和人溝通的話，對方可能會因為心情比較沉悶而選擇閉口不談或者是冷言相譏，甚至還有可能會粗暴地下逐客令。為什麼會出現這樣的現象呢？這是因為不同的天氣會給人帶來不同的心情，不同的心情則會導致溝通效果產生巨大的反差。

　　有一段時間，舊金山發生了多起自殺案。這些自殺的人當中絕大多數人是獨居並且性格內向的女性。這引起了FBI的注意。為了揭開這一個謎團，FBI探員就準備去和一位自殺未遂的女性談一談，想從她那裡瞭解到一些必要的線索。

　　這名女子叫瑪麗，因自殺時被鄰居發現而脫險。當探員和鄰居敲開她的房門時，被一陣濃濃的菸味給嗆得咳嗽起來。透過煙霧繚繞的房間，探員看到瑪麗一動也不動地坐在電腦前發呆。電腦桌上擺滿了一個放滿菸蒂的菸灰缸。FBI探員小心翼翼地向其表明了來意。但是瑪麗並不配合，反而厭惡地朝他們揮了揮手，叫他們趕緊離開，不要再打擾她。FBI探員見狀，只好退了出去。

　　FBI探員只好退而求其次，向瑪麗的鄰居打聽消息。鄰居告訴探員，

瑪麗是一個文靜而又內向的女孩，平常很少外出，也不大和別人來往。最近她剛失業，索性就把自己關在家裡。這幾天一直都是陰雨天氣，她的房間裡常常會傳出摔東西的聲音。

鄰居的話讓探員突然想到了一個問題：「碰到這樣的天氣，不論是誰，心裡都會窩著一團火，就連我自己也都懶得和人說話，偶爾還會無緣無故地發脾氣。她的閉門不出、心情抑鬱是不是和陰雨天有關係？她的自殺是不是也和這讓人討厭的雨天有關聯？

探員回到局裡查了一下相關的資料，最終驗證了自己的推論。原來心理學家在研究中發現天氣對人的影響是非常巨大的。惡劣的天氣不僅僅會影響一個人的心情，還是誘發人們抑鬱的導火線。在惡劣的天氣裡，人們比較容易做出脫序的事情，甚至還有可能會犯罪。

這個故事告訴我們：選擇什麼樣的天氣將會直接影響到談話的品質。選擇令對方心情愉快的晴天可以得到事半功倍的效果；哪怕是一個非常困難的問題，相信對方也會給你一個非常滿意的答覆。

所以，遇到了問題需要和別人進行溝通的時候，用不著馬上就去找對方，向其表達自己的意見和看法，而是要為自己選擇一個天時地利人和最佳交流時間。因為人在不同時間之內的情緒存在著很大的差異，而情緒上的差異也會影響到溝通的效果。

要想從別人那裡捕捉到真言，就要選擇好一天之內最佳的交流時間。那麼究竟選擇什麼時間好呢？是早上、下午還是晚上？是在對方精力充沛的時候還是精疲力竭的時候呢？面對這樣的問題，我們不能憑個人感覺而妄下結論，而是要先瞭解一下不同的時間會給人的情緒帶來什麼不同的影響。只有瞭解了這些區別之後，再根據談話的對象和話題的不同來選擇溝通時間。

美國聯邦調查局科學實驗室的阿德萊德博士曾經對人類的記憶力、理解力和運動力做過實驗。實驗結果顯示：人們的理解能力和記憶能力在中午前後是處在最佳的狀態，到了下午之後則會一點點地逐步下降，到了三點左右會有一個小幅度的上升，但仍無法達到上午時的水準。從這項實驗結果中我們可以得知，上午的時間人們更適合思考，而下午則比較適合運動。換一句話說就是，人們在上午的時候想問題、辦事情時，理性的成分會多一些，而到了下午之後則會不由自主地轉化為感性做事。因此，FBI探員們就將上午稱之為「理性時間」而把下午看做「感性時間」。他們就根據這一結論，針對上午、下午、晚上三個不同時間段中嫌疑犯們的不同的狀態，制定了不同的審問內容和範圍。

　　上午：嫌疑犯在上午大腦非常活躍，在接受審問的時候警戒心非常高，表現也非常機敏。哪怕是一些細節上的東西他們也會很敏銳地感覺到。在這種情況下，想從他們口中套出實話來就顯得非常困難。

　　下午：在這個時候，嫌疑犯經過上午相當長一段時間的防禦與抗爭之後，無論是在生理上還是在心理上都表現得非常疲憊，反應速度就會放緩。在這種情況下，若再採行正確的方法，捕獲實話的可能性就會比較大。

　　晚上：經過一天的「拉鋸戰」，到了晚上嫌疑犯就會身心俱疲，哪怕是抗拒心理再強，也是心有餘而力不足，即便是口頭上表現得非常強硬，充其量不過是在做垂死掙扎。在這個時候，只要是FBI能夠發動猛烈的語言攻擊，就能一舉突破對方的防備，輕鬆得到真言。

我們在平常與人溝通上也可以應用這些原則。要想和別人談論工作或者是其他的重大事件，就應該把時間安排在上午，因為這個時候彼此雙方都處於理性狀態，看問題想事情就會比較全面，可以在保護自己的情況下與人達成協定；若想和一個陌生人或者是有著敵對心理的人進行溝通，從他們的口中得到實話，最好就要把溝通的時間選擇在下午或者是晚上。

當然，選擇最佳交流的時間不僅僅需要考慮溝通對象的情況，還要考量到自己的狀態。換句話說就是要選擇在自己精力旺盛、而對方精力枯竭的時刻。

在選擇最佳交流時間的時候，應該牢牢記住，要盡量避免選擇自己狀態不佳的時間。因為自己一旦狀態不佳，就會給人以可乘之機，以致於到最後非但不能從對方那裡套出實話，反而還極有可能出賣自己的底線，給自己帶來重大損失。

在選擇最佳溝通時間時，我們既要瞭解對方情緒不佳的狀況，當然也要瞭解自己狀態不佳的時間。所以，一定要避免在自己身心處於低潮的時候去和別人溝通。比如令人感到困乏的夏日午後，長途跋涉鞍馬勞頓來到另一個城市之後的第一天。這些都是對我們不利的，如果在這個時候去找人溝通、談判的話，結果一定會不理想。另外，還要注意一下，自己身體不適的時候或者是連續工作上一段時間之後都不要和別人去進行關鍵問題的溝通，而是要給自己預留一定的休息時間。當然，如果對方處在極度疲憊的狀態下，而你卻精力充沛的話，就應該抓住時機，迅速出擊，以最有效的形式來從對方口中套出真話了。

👉當然，如果有些事情是非談不可的，不容拖延，若是遇到了這種情況，你就應該挑選一個相對合適的天氣去找對方進行溝通。比如在夏季你可以選擇一個相對涼爽的天氣，在冬季可以選擇一個相對暖和的時間。選擇最佳交流的時間不僅僅需要考慮溝通對象的情況，還要注意一下自己的狀態。換句話說就是要選擇在自己精力相對優於對方精力的時刻。

**CHAPTER**

# 02

# FBI教你巧妙套話，
# 捕獲真言

與人溝通，誰都希望得到準確的資訊。溝通對象可能會因為有防備心而不肯與你配合，不願意告訴你實情。在這個時候，就需要透過一些方法和手段巧妙地從對方的口中套出你想知道的資訊。從別人的口中套出實情，不僅僅需要口頭上的功夫，還可以借助空間與道具來誘使對方說出實話來。道具、方位選擇對了，對方就會不由自主地實言相告，坦白交代。本篇的重點則是介紹了FBI在套話時常用的一些方法與技巧。

*Discourse psychological techniques*

# 09 站著？還是坐著？大有關係

　　無論是在學校裡還是在社會上，老師們的地位是較高的。但是與其尊貴地位不相稱的一面就是，他們在講課的時候通常都是站著。長時間站著，會給人帶來疲憊感。就尊師重道這一點來說，讓老師站著講課是不是顯得有些殘忍呢？因此，許多人就建議他們可以和學生一樣坐著講課。照理說這樣的建議應該得到老師們的大力支持才對，但沒想到最後卻遭到了絕大多數老師的反對。

　　這是為什麼呢？難道老師們不知道坐著可以更舒服一些嗎？當然不是，老師們抱持的理由是：站著講課，他們的視線可以毫不被阻擋地、居高臨下地投向每一位學生，在老師的視線「控制」之下，學生的任何一個小動作、任何一點眼神和心態的變化都能在老師的「掌控」之中，方便維持課堂紀律；站著講課時，老師還可以走下講臺到「下邊」巡視，近身觀察，看學生是否有在偷懶或是恍神、分心的情況，督促他們充分利用時間學習。總之，站著說話雖然會累一點，但卻能表現得更有氣勢，更具威嚴，更能讓自己處於強勢地位。

　　教育專家曾經指出，單就授課效果來看，站著講課和坐著講課並沒有什麼本質的區別。但是，站著授課的方式更能夠展現出教師的威嚴，更能讓學生認真聽課，也能讓師生之間形成有效的互動。

　　美國史丹佛大學的一個教授曾經專門對於「站姿」和「坐姿」給人

們帶來的影響做過一次調查：他向受測試者提供了兩張站姿和坐姿的照片，請他們說出哪一種姿勢更具有氣勢一些。最後發現，有五分之四的人覺得站姿更具有威懾力，同時也比較能吸引聽者的注意力，而認為坐著的更具威懾力的人則不到五分之一。

在氣勢的表達上，站姿比坐姿更具有優勢。對於這一點，FBI可謂深有體會。他們在和同事、知情市民、犯罪份子進行溝通的時候，為了有效達到溝通目的，他們通常都是選擇站立的方式。

瑞德是FBI總部中年紀最輕的主管，他在和下屬們開會的時候很少會坐在主席位子上分派任務，而是盡量站著主持會議。哪怕是碰到了錯綜複雜的案子，需要和下屬們進行長達三、四個小時的商議，他也是站著主持。有一些下屬看到之後，於心不忍，不只一次地勸他坐下來講話，但都被他婉言謝絕。

後來，有人問他為什麼不舒舒服服地坐著而要選擇站立的方式呢？瑞德笑著說：「在聯邦調查局裡，我是年紀最輕的主管。儘管我是刑偵專業畢業，但是在實戰經驗和業務的掌握程度上和那些資深的FBI探員們還是不能相提並論，這是我的致命傷，也是一些老探員不願意真心服從我的原因。為了彌補這方面的不足，若我想要從氣勢上鎮住那些老探員，我就必須要站著，因為這樣會顯得比他們高大，會給他們帶來精神上的壓力，讓他們不敢小看我或反抗我、敷衍我的想法。反之，如果我選擇坐下來的話，那麼我的氣勢就會被削弱，也就難以讓他們仰視。在這個時候，他們可能會因為瞧不起我而故意提供一些錯誤的資訊或者是說一些冷嘲熱諷的話，我就受到了他們的排擠。」

對於想放鬆的人來說，坐姿可以說是一個不錯的選擇。但是，坐下來之後，氣勢就會受到削弱，隨著腰部的放鬆，一個人的語言也就沒有了

任何張力可言。因此，在你想說服的人面前，就盡量避免採用坐姿。

如果說採用坐姿就是處在「守勢」的話，那麼，站姿就等於處於「攻勢。」站著和人進行交談，就等於是有了強大的氣場和咄咄逼人的氣勢，對方會因為抵擋不住你的強大攻勢而對你言聽計從。

越是碰到了那些自大、自以為是的人時，就越要採取站立的姿勢。因為站立本身能帶來威懾感，使其因為在方位上「矮你一截」而不安。當其產生恐懼與不安的時候，自然就不會再耍滑頭，只能束手就擒，按照你的思路去做事。當然，並不是站著說話就一定好，如果你談話的對象是你的莫逆之交，就可以採取坐著的形式來和他聊天。如果你選擇了站姿，就等於是存心要壓倒對方，給他製造心理壓力，使得原本準備對你實言相告的朋友不舒服，也很可能令他勃然大怒、拂袖而去。故而，這種方式可以多用，但不能濫用，而是要慎用。

**話術 POINT**

👉站姿是一個高度重要且具有說服力的傳遞工具，就氣勢的表達上，站姿的確來得比坐姿更具有優勢，站著會比坐著增加十倍的影響力。站立著說話往往更能體現說話者的積極情緒，更能打動聽者。而站著說話更能方便做手勢，強化氣勢，所以「站著」比「坐著」更有氣勢。此外，在開口前，若能先展現得體有型的外表、自信的步伐與站姿，聽者自然而然就會豎起耳朵，想知道你要告訴他們什麼。

# 10 讓他坐門口的位置，提高你的勝算

在地鐵上，只要仔細觀察就會發現一個奇怪的現象：很多人都不願意坐在或站在門邊的位置，如果不是迫於無奈的話，誰也不願意主動向門邊靠近。其實，不僅中國人如此，外國人也是如此。如果你向他們詢問原因的話，絕大部分人就會這樣回答：「坐在門口容易受到外界因素干擾，上車下車的人太多，不僅會打斷我正在做的事，還有可能會破壞我的心情。因此，我寧願選擇在較遠的角落裡待著，因為那樣至少還可以安安靜靜地玩手機、聽音樂、做自己想做的事。」──從這些乘客的回答中傳遞出這樣一個資訊：距離門口的位置越近，個人的「存在感」就越強。因為只有個人感覺到「存在感」強的時候才會非常在意外界的因素，不願意受到太多的干擾。

門口就相當於公共場合，離門口越近，個人空間就相對變小，心理壓力也就會越大，存在感就會越強，在語言的表達和情緒的表現上就不太容易隱藏起來，而是會直接表現出來。

我們再細心觀察一下人潮比較多的餐館，就會發現一個非常有趣的現象：越是社會地位高的人越不會坐在靠近門口的位置，只有那些平凡的小人物才會選擇門口的座位。在一個餐廳裡，座位位置的不同，對顧客的吸引程度是不同的，在離門口最近的位置是人們最不願坐的地方，而離門口最遠的地方的位置（當然哪裡是有對外窗戶的），是人們理想中的好座

位。在這個調查中，我們發現人們對自己的私密性是有本能的保護的。一般的情況是，如果餐廳裡還有座位的話，顧客就不會選擇靠門的桌子就坐。靠近門口的桌子，幾乎是形同虛設，往往都是全店客滿了，才迫不得已坐在門邊的座位，絕不會有人主動想坐到那裡去。再者，即便坐在了那裡，坐的時間也不會太久，通常都是用完餐後就立即拍拍屁股走人。因為他們的潛意識裡覺得，坐在門口，就等於是給人當猴看，那是因為沒有人喜歡被看光光的感覺。

　　FBI曾經做過一項調查，調查結果顯示：在一棟大樓裡，離電梯口越近的住戶，越容易受到同棟樓內居民的抵制甚至是攻訐。會有這種現象的產生，並不是因為風水有問題，而是和門口的存在感有關。對於這些住戶來說，他們求安靜而不可得，長年累月經受上下電梯者人來人往的打擾，心情就會變得非常鬱悶，見了那些鄰居們也就不會有什麼好臉色，那些鄰居自然也就不會對其有好感了。儘管他們接觸的人是整個住戶裡最多的，但也是最容易得罪人的一群。因此，受到抵制和攻訐也就不難理解了。

　　經由以上三個例子我們就可以瞭解到為什麼人們不喜歡門口位置的原因。儘管坐在門口位置可以認識到形形色色的人，看到不同的風景，但這個位置卻會綁架自己，給自己帶來痛苦和壓力。因為壓力過大，坐在門口的人就會承受不了，而極容易表露出個人的真實想法，讓別人看到自己的內心世界。

得知了以上知識之後，我們也就不難瞭解為什麼FBI在審訊犯罪嫌疑人的時候喜歡讓他們坐在門口的位置了。因為對於絕大多數人來說，門口位置就是敏感地帶。坐在敏感地帶就等於是把自己放在火爐子上面烤，備受折磨。為了少受一些折磨和摧殘，犯罪嫌疑人們就不得不繳械投降，坦白真相。由此可知，FBI探員在給犯罪份子安排座位的時候，絕不是一時興起，任意指定，也不是毫無根據地隨機安排，而是經過深思熟慮之後才做出的選擇。

更具體來說，將溝通對象的座位安排在離門口近的位置是不尊重對方的一種表現，是在暗地裡給他設置一個「精神空間監獄」，也是對其身體的一種變相摧殘。因為這個地方常常會引起走廊人們的注意，也容易被外面嘈雜的聲音影響情緒；如果是冬天的話，從門口吹來的寒風也會干擾他的心情。不過，這都是迫不得已而為之的選擇，畢竟，真相是最重要的，為了得到真實的資訊，在不違背道德良知的基礎上適當地要一些小手段還是可以的。

當然，如果你的溝通對象和自己非常熟悉，是無話不談的至交好友的話，就沒有必要採取這種方式來套話了。在這個時候，費盡心機拐彎抹角、旁敲側擊之類的手段，遠不如直來直往有效果。畢竟，這種方式是給那些狐疑成性、生性狡詐，愛說謊的人準備的，而不是用來對付朋友的。

一般來說離門口遠的座位是上座，離門口近的座位是下座。所以，當我們去拜訪客戶時，不管是在客戶的會客室、辦公室或家裡，都要留意別坐到上座去。如果對方待人非常熱情，一定要你坐上座，你也不必過分推辭，過分客氣會讓人覺得你這個人過於不知變通或是城府太深，與你交往時他會有所戒備，這樣不利於溝通的進行。

日本心理諮詢網指出，人們出現在大眾場合時，所選的入座位子會無意中透露個人性格的特徵。一般來說，性格消極的人喜歡坐在靠近門口的地方；性格積極的人，喜歡往裡面坐，遠離門口。而通常來者進門後，坐門口的位置就表示他不會久坐，坐比較靠裡面的位置則表示會久留長談。

# 座位的安排影響談話效果

美國聯邦調查局在剛剛建立的時候對座位的安排、方法和坐向都有做過專門的研究，以便於幫助探員們在進行偵訊工作的時候可以更有效地把握對手的心理，掌握套話的主導權。FBI們對座位的研究，也可以作為我們在談話時利用的工具。

不要以為座位是件小事而對它漫不經心，當你與人溝通對話時坐在哪裡，朝向哪裡，可是會直接影響到與你交流的人的感情呢！因為不同的坐向會產生不同的心理暗示，在不同的暗示下，說出來的話和表達出來的感情當然也是不一樣的。

為了更有技巧地掌握好套話的主導權，我們就可以向FBI學習一下椅子擺放的知識。大體說來，椅子安排方面需要注意以下幾點：

## ❶和男性溝通，椅子要並排安排

FBI內部的培訓講義指出，如果不是正式場合，兩個男性溝通的時候，座位安排最好不要面對面。因為這樣會讓交談的雙方產生拘束感和不安全感，如此一來就難以營造良好的溝通氛圍，更別指望會有好的交流效果。

有很多男人偏愛坐在車裡談論一些重要的事情。這並不是因為車座舒服，而是因為駕駛座和副駕駛座是並排的，坐在這樣的位子上探討問題，心情就會比較放鬆，也比較容易達到理想的效果。

如果細心觀察一下，就不難發現當兩位男性在無可奈何之下必須選擇面對面坐著的時候，他們就會不由自主地自動坐得稍微斜對角，很少會很正面地對坐。因為他們在潛意識裡認為，避開面對面就可以減少一下彼此的抵抗心理，因為這樣更容易建立一種融洽的交流氛圍，給彼此留下好印象。而面對面交談則會讓男性產生不安全感，大多數男性都不喜歡被人正面盯著，因為那樣會讓他很有壓力，當兩位男性無可避免地必須面對面坐著的時候，其中的一位或者是兩位可以選擇坐得稍微斜對角，從而可以建立更為融洽的關係。

## ❷與女士進行溝通，座位安排應該面對面

經過大量的調查取證和研究，FBI發現女性和男性在座位的選擇上有著完全相反的傾向，她們不喜歡並排而坐的方式，而是喜歡和溝通對象進行面對面的交談。

對於大多數女性而言，面對面的交談才能夠傳遞出自己真摯的眼神和友善的表情，也能夠讓自己瞭解到對方的真實想法。如果給她們安排一個並排而坐的座位，她們就會因看不到對方的表情而心神不寧。因為她們比較敏感，也生性多疑，看不到交流對象的臉部表情就會覺得對方是不是在生她的氣，或是可能看不起她，或者是覺得對方的回答只是在應付，並沒有認真傾聽她在表達什麼。

絕大部分女性都比較喜歡和人有一種親近的感覺，而面對面的交流方式可以給人這種親近感。因此，在和女性聊天的時候，就要給她們安排一個面對面的座位，以此來達到相談甚歡。

# ❸在莊重場合，「主位」只能有一個

這裡的「主位」指的就是「主角」坐的位子。這裡的主角不是電視上的，而是交際場合中的一號人物。

FBI在審訊犯罪嫌疑人的時候，為了給其增加心理壓力，在必要的時候往往會讓幾個人同時出席，組成一個強大的「審訊團」來詢問犯罪份子。不過在「審問團」的座位安排上，並不是隨意擺放椅子，而是把主位留給身分地位最高或者是審訊經驗最豐富的FBI警探。因為這樣就能夠讓犯罪嫌疑人瞭解到該探警的身分，同時也能讓其產生「大人物親自審訊我」的虛榮心。虛榮心一旦得到滿足，犯罪份子就會因為飄飄然而忘乎所以，更會喪失應有的警戒心。當他放鬆了防備之後，要從他的口中套到有效的資訊，就容易多了。

# ❹給某個約談對象留一個不足為道的位置

有時候，FBI也會面對「一對多」的溝通場景。比如犯罪份子的家人和他的辯護律師組成的「抗議團」。遇到了這種情況，FBI絕不會自亂陣腳，也不會慌張無措，而是仔細觀察，在第一時間裡分析出這些人之中誰是最重要的人物，然後再非常巧妙地給那個氣勢洶洶有備而來的人一個微不足道的位置。這種有意而為之的座位安排就是在告訴對方：「我根本不把你放在眼裡，你只是一個小人物」，如此一來就能夠在短時間之內滅一滅他的囂張氣焰，迫使其老實就範。

👉一個人所坐的位置，也跟他在該團體內的人際關係以及當天的心情有關。如果他想說服對方或與對方辯論，就會坐到和那個人面對面的位子上；反之，他若想避開不願意接觸的人，他就會盡量坐得離這個人遠一點，也不會顧慮到這個位子是否靠近門口。通常而言，面對面對坐會讓雙方毫無遮掩地直視對方，會讓人產生壓迫感，激發對立心理，造成關係緊張。

如果你不想製造對立，就不要選直接面對面的座位來進行交談，就算是要對面而坐，也最好是讓身體和視線稍微傾斜一點。這樣會讓對方自在很多，溝通起來就更好說話了。

# 你離他越近，他就越緊張

　　FBI的調查人員在多次審訊案件的時候發現，有很多犯罪嫌疑人都具有這樣一個特點：你離他越近，他就越緊張。當你幾乎貼著臉對他進行審訊的時候，他就會渾身不自在，滿臉冒汗，在這種情況下，他們的思維就會出現混亂，原本在心裡已經編好的謊言，一說出口就破綻百出，強硬的態度也會瞬間崩潰。後來，心理學家對這一現象進行了分析，他們認為，犯罪嫌疑人之所以會有這種反應是因為FBI審訊人員進入了他的「私人地帶」，壓縮了他的「獨立空間」，給他造成了很大的心理壓力，在這種無路可退的情況下，犯罪嫌疑人只能坦白交代自己的犯罪事實，根本就沒有討價還價的餘地。

　　美國的人類學家愛得‧霍爾就曾經說過：「空間會說話。」這是因為，每一個人都有一個接受他人接近的獨立空間，這個空間既是身體上的，也是心理上的。如果你站在一個人的獨立空間之外和他進行交談，就能夠給他帶來思考的時間和餘地，如果你跨進了他的私人空間，就會給他帶來壓迫感，他就會喪失獨立的意識和思考的空間，他所說出的話也只是一種條件反射，而在這種情況下所說的話都是真話。

FBI指出，個人空間不是固定的，也不是唯一的，而是有著很多種表現形式。經過長期的觀察，他們總結出了個人空間的五大地帶。這五大地帶分別是指：親密地帶、熟悉地帶、私人地帶、社交地帶、公共地帶。以下，就來簡單介紹這五種個人空間，作為我們壓縮他人空間時的參考：

## ❶親密地帶（0～15cm）

一般情況下，這個地帶屬於最敏感的空間。通常我們只會期待自己的愛人、親戚或者是摯友到達這麼近的距離。因為隨後我們可能會和他們有肢體接觸或者是擁抱他們。但是，如果你是對陌生人採行這個距離，他就會有被壓抑和快窒息的感覺，在這種心態之下，他們也比較容易屈服於你。

## ❷熟悉地帶（15～45cm）

對於一個人來說，舒服感和安全感來說就顯得非常重要。要想讓舒服感和安全感得到保障，就會非常重視熟悉地帶。為了讓他「不舒服」，我們就可以利用這點故意侵入這個區域，來「壓迫」他，「征服」他。

## ❸私人地帶（45cm～1.2m）

在一些交際活動或者是聚會上，大多數人在和別人聊天的時候，都喜歡保持45公分到1.2分尺的距離。如果距離稍微靠近一點，就會讓人感覺有些彆扭。如果我們想要和初次見面的陌生人做朋友的話，在和他們聊天的時候，就要保持保持45公分到1.2公尺的距離，但是，如果想讓一個人服從你的話，就要大膽地進

入到這個私人地帶去。

## ④社交地帶（1.2m～3.6m）

與他人保持1.2公尺到3.6公尺的距離常用於非正式的社交當中。比如，在商店裡或者是大街上，當顧客和店員們在說話的時候，我們就可以看到社交地帶所發揮的作用了。如果你是一名超市裡的銷售人員，想讓顧客接受你的價格，就要大膽地闖入這個地帶中去。

## ⑤公共地帶（3.6m以上）

公共地帶，顧名思義，就是指一個人面對大眾時的個人空間。比如，一個人面對著一大群聽眾演講，他與第一排的人可能至少要間隔這麼遠的距離。如果一些聽眾越過了3.6公尺的分界線，也會在無形之中給演講者帶來心理上的壓力和情緒上的波動。——如果你對某個人的演講不感興趣，想要反駁他的話，就要站在3.6公尺之內來和他對話，這樣勝利的機率就比較大。

**話術 POINT**

☞在與人交往的過程中，我們不贊成壓縮溝通對象的私人空間，因為那是非常不禮貌的行為。但是，在和一些「對手」進行談話的時候，就不必有這種顧慮。因為這種近乎零距離地接觸，大大地壓縮了對方的空間，就等於宣告了自己處於強勢地位，表明自己掌握了談話的主導權，會讓對方感受到非常大的震懾作用。如此一來，他就會因為難以承受如此大的心理壓力而不得不收起強硬的心態，轉而配合你，說出你想聽的話或者是按照你的要求去行事。

# 13 提高自己的氣勢，勝算才大

　　氣勢是指人表現出來的力量、威勢。強大的氣勢，能夠產生震懾別人的作用。反之，與人交往時表現得非常軟弱，說話底氣不足，那麼，就會讓溝通對象瞧不起自己，他們非但不會向你吐露實情，反而還有可能會編織一些謊言來欺騙你和嘲笑你。舉個例子來說，如果你是經理，打電話給櫃台總機，你那一聲「喂」，八成氣會比較實。但是緊接著第二通電話，是打給總經理，那一聲「喂」，肯定變虛了。你自然會把語氣放慢、聲音放小，這就是「氣足」與「氣虛」的差異，也帶來了「高人一等」與「矮人一截」的效果。因此，在和別人溝通的時候，我們就可以有效運用這一點，用氣勢壓倒對方，讓其不敢對你說謊。

　　或許對於有些人來說，早已軟弱慣了，以至於想提升自己的氣勢又不知從何做起。那麼，我們就不妨按照FBI提供的建議去進行鍛鍊和培養：

## ❶抬頭挺胸

　　一個人的氣勢並不僅僅體現在精神方面，也往往會依靠某一肢體的動作或是姿勢來展現，更是一個人全部肢體協調起來所發揮的整體效果。例如一個人做了

一個尖塔式手勢，卻兩眼無神，含胸駝背，低著頭，那麼即使他的手想要表達自己的自信卻依舊難以給人一種自信的感覺。

軍人在訓練軍姿的時候，都被要求抬頭、挺胸、收腹，雖然這樣站著遠比隨意站著感覺上要累許多，但當你抬起頭、挺起胸之後立刻就能感覺到氣勢的提升，就好似原本的一口氣從胸腹之間驟然提到了頭上，渾身都充滿了生命力，而氣場自然而然也就有了。FBI也是透過這種方法來加強自己的氣場以及增加個人的氣質與魅力的。而我們想要提升自己氣勢的話，也應該從抬頭挺胸讓自己看起來活力十足做起。

## ❷ 保持清醒的頭腦

溝通時難免會出現一些突發情況，這時，很多人會因為沒有心理準備而變得驚慌失措，不知所以，而FBI探員們往往能在這種情況下保持清醒，有一種泰山崩於前而色不變的定力。這種舉重若輕的氣度和魄力就形成了一個極大的磁場，強而有力地吸引著那些一遇到狀況就慌張到不知所惜的人。因被他的穩重感所吸引，自覺地向他靠近，也心甘情願地接受他的差遣，自然也會將自己所知道的情況原原本本地告訴對方。

## ❸ 要坦然面對不確定因素

FBI告訴我們，在溝通的過程當中，誰也不敢保證自己能夠全部回答出別人提出的問題，總會遇到一些自己不知道的問題。越是在這個時候越不能退怯，而是要以一顆坦然的心去面對。

比如，一位專家和別人溝通的時候，對方向他提出了一個非常複雜的問題。他沒有因為不知道而心虛、不自在，而是不慌不忙、有自信地回答說「這個問題

很好，不過我現在不知道答案。如果你願意給我你的e-mail的話，我一定給你一個滿意的答案。」這樣一來，對方就不好意思再追問什麼，更不會因此而看輕這位專家了

## ❹ 不用刻意取悅於人

FBI說，為了使溝通進行得更好，在必要的時候可以取悅一下對方，但卻不能刻意地去取悅，一定要做到不著痕跡。一個人要想更有氣勢，心裡一定要有一個比起給別人留下美好印象還要重要的「目的」，比如，給他留下一個「不可侵犯」「不可小看」的目的未嘗也不是一件好事。

## ❺ 說話態度要不卑不亢

當人們遇到某個地位較高或者是比他有權勢的人的時候，就會不由自主地改變自己的行為。這樣一來，就大大削弱了自己的氣勢，讓對方顯得高自己一等。但FBI的探員們卻不會有這樣的表現，哪怕是和總統在一塊兒，他們也表現得從容自如，態度不卑不亢。

一個有氣勢的人不會想要高高在上或對周圍的人施恩，也不會把對方認為神聖不可侵犯。我們面對的溝通對象可能是自己的老闆、客戶的老闆，但作為溝通方來說，兩方都是平等的，沒有必要特別讓自己矮一截。

## ❻ 說話時懂得搶佔先機

FBI們在和對手們言語交鋒的時候，都會不惜一切代價去搶得先機。因為在他們看來，誰搶佔了先機，誰的勝算機率就會高一些。這是因為，搶佔先機就意味著這個人有著超出對手的勇氣。因此，我們在和對手對話或者是談判的時，就

應該盡量去爭取主導地位，給自己營造一個主場出來。這樣一來，就能夠非常有效地震懾住對方，迫使對方乖乖就範。

## ❼呈現出正面的能量

有氣勢的人總是充滿能量。這未必寫在臉上，而是讓人感覺到一股要爆發的精力。如果想讓自己所說的話擁有影響他人的正能量，就要多多使用正面的語言，習慣性地使用積極、樂觀、快樂的字詞和句子來表達你自己的感覺。當有人問你：「今天好嗎？」時，你的正面語言是：「很好」、「好極了」，最少也要說：「還不錯」。人們為什麼只希望與成功的人士多交流呢？原因很簡單：一方面成功人士有能力給予自己協助，但最重要的是成功人士充滿正面能量，能給自己帶來信心。

### 話術 POINT

👉一個會溝通的人所說的話都是有力度的，能發揮到引人入勝、催人奮進、讓人警醒的目的。在面對各種對象之時都可以樹立超凡出眾的形象和應有的權威，和對方比氣勢、比意志、比信心，除了能加深他人對自己的信任或印象。還能以強大的氣場鎮住對方，使自己從開始到結束都能hold住全場氣氛，對方也不敢在你的眼皮下有太多小動作，不敢對你說假話。

# 14　得體的穿著，強化你的影響力

　　FBI內部培訓講義裡提到，面對陌生的溝通對象，要想讓他樂意對你說出真話，首先就要讓對方瞭解到你是一個值得他說實話的人。或許你本身在優點很多，這些優點也都是足以讓對方願意說實話的原因，比如為人誠實、知識淵博、正直謙虛等等，但是這些優點在陌生人面前起不了絲毫的作用。因為對方不瞭解你的歷史經歷和為人，也沒機會給你提供一個表現這些優點的平臺。在這種情況下，你就應該借由其他方式來讓他對你留下良好的印象，讓他覺得可以向你袒露實情，告訴你事情的真實面目。

　　究竟什麼樣的方式能給對方留下一個良好的印象進而讓他願意對你說實話呢？這就需要在衣著上多用點心思，一定要做到服裝得體。一名資深探員說，兩個陌生的溝通對象第一次接觸的時候，雙方彼此都不了解，只能從視覺上來感受和揣測對方的性格愛好、生活習性、做事態度。而構成視覺最重要的因素則是一個人的服裝搭配。如果你服裝得體，就會給人一種清爽幹練的印象，也會讓對方認為自己得到應有的尊重，那麼他就很自然地願意與你對話。反之，穿著隨性則會讓對方認為你是一個沒有修養的人。如此一來，他就在心理上疏遠了你，根本就不可能提供什麼有用的資訊給你。即便對方表情很誠懇，說了很多矯情的話，但那只不過是逢場作戲而已。實際上，他並不信任你。

　　在現實生活中，尤其是剛剛步入社會的年輕人，更應該在自己的服

裝上多下點功夫。因為，無論是從生活閱歷、交際面、社會地位上來說，他們都無法和FBI相提並論，很難給人造成一種從容鎮定、成熟穩重的印象，也很難從一個陌生人的嘴裡套出想要的答案來。面對這種情況，我們就應該透過得體的服裝來給自己的印象加分。畢竟，人靠衣裳馬靠鞍，只有服裝得體了，才能給對方帶來良好的印象和愉快的心情，才能讓其樂意與你進行交談，心甘情願地把實話告訴你。

一位企業家這樣說道：「在商界，企業家最初的合作，一開始都是先看什麼？其實很大的成分是看衣著。有一次，我的公司研究開發了一種新式產品，別的公司得到消息之後紛紛派人前來打探情況，希望能和我進行合作。有一天，我的辦公室裡來了一個年輕的小夥子，他穿著西裝，裡面不是搭配襯衫，只穿了一件圓領T恤，背著一個皺巴巴的休閒包。」

「我當時看著就很彆扭。你想想，西裝是多麼正式的服裝，他竟然搭配T恤、一副吊兒郎噹的形象。和這樣的人進行合作，簡直就是在侮辱我的產品。因此，當他向我獻殷勤提優惠條件的時候，我就一直在打哈哈，死活都不願意向他透露實情。那個年輕人也不知難而退，依然死纏爛打，最後激怒了我，我就當即給他下了逐客令，請他離開。」

這位企業家僅憑服裝來決定是不是和人合作的做法是對是錯，我們姑且不論，但至少可以從這個故事中瞭解到，服裝就是你的代言人，服裝的選擇和搭配直接影響著別人對你的評價，關係到別人願不願意推心置腹地和你進行交流溝通和日後的合作。如果你不想被人拒之於千里之外，不想得到太多虛假的資訊，你就必須讓自己的服裝得體、適切。無論是面對什麼樣的溝通對象，你都必須做到這一點。

那麼，怎樣做到服裝得體呢，是不是全身上下都是名牌就可以了嗎？事情絕非這麼簡單，要想真正做到服裝得體，就應該注意以下幾點：

# ❶ 看場合選擇服裝

不同的服裝要穿在不同的場合。比如，去別人的辦公室裡與人交談，就應該穿比較正式的服裝，而不能一身休閒或者是運動裝出現在別人的面前；如果溝通的地點選擇在一個星光BBQ派對上或者是球場，你就該穿著休閒服裝去赴約，否則就顯得不倫不類。如果你總是喜歡把自己打扮得很年輕，像個不成熟的孩子，這也難怪許多升遷的機會永遠不會落在你身上，因為大家都認為你還沒長大。

# ❷ 切忌「混搭」

在追求個性與獨立的時代裡，混搭服裝已經成為一種時尚。如果和老朋友見面，以這種服裝打扮並無不可。但是，如果你的溝通對象是第一次見面的人，最好別穿混搭服裝。因為你不知道對方是一個什麼性格的人，也不知道他的審美觀是什麼，如果你的服裝太新潮，很可能引起對方的反感。在這種情況下，還是保守一些為好，免得給對方帶來不愉快，也給彼此的溝通交流帶來阻力。一般而言，商業人士絕不出錯的西裝穿搭，應是「深色寬版上衣＋白襯衫＋條紋領帶」，這會給人成熟穩重的感覺，建立起專業有力的形象，是贏取信任的必勝穿著。

# ❸注意「細節」

　　這裡的細節主要是指襪子、鞋、包之類的配件。這些東西雖然不是主角，但如果你的溝通對象是一個非常在意細節的人，他就會特別留心觀察這些，一旦發現了某些破綻，就會對你產生不好的印象，也就不願意和你進行過多地交流，更別指望他會向你提供豐富而又詳實的資訊了。

**話術 POINT**

　　☛日本國際形象顧問大森仁美表示，雖然大家都明白不能以貌取人，但內心對於不同職位的人，依然會有不同的形象期待。穿著錯誤，不僅會造成偏見與誤解，甚至還會引起對方對你的負面觀感。

　　當你的穿著整潔得體時，就會覺得自信心增強了，走起路來更有精神。有自信才有說服力，才能贏得聽眾的信任。

　　形象專家曾說，外套是權力與專業的象徵，給人一種認真、威嚴、有潛力的印象，可以說是能適時發揮關鍵效用的萬靈丹。乾脆俐落，一絲不苟的服裝打扮，暗示你對工作的專業態度，傳達出你是可以讓人信任的，所以，懂得穿衣哲學的人不但能使自己心情愉快，甚至讓人際關係加分，還能表現出專業素養，從容的形象，讓自己說話更有說服力、影響力！

# 15 營造令對方說出實情的談話氛圍

要想讓他人能夠對你做到知無不言言無不盡，除了要掌握一定的技巧之外，還要努力創造出一種讓對方說實話的氛圍。

氛圍屬於外在環境，卻能夠直接影響到一個人的情緒和心情。從很大程度上來說，營造一個良好的氛圍是讓對方說出實話的基礎。氛圍營造好了，就等於是搭建了一個信任的平臺，能夠讓溝通對象坦白自己的真實想法，告訴你真相。反之，不好的氛圍就等於是為溝通的雙方築起一道牆，對方會因為有隔閡而疏遠你，也就不可能實話實說，向你吐露心中的秘密。

那麼，怎樣才能營造好良好的談話氛圍來讓對方說出實情來呢？請參考以下幾點建議：

## ❶以閒聊做開場白

FBI探員在向市民調查取證的時候，通常都會以閒聊的形式做開場白。在他們看來，如果擺出一副公事公辦的樣子，用不帶任何感情色彩的話語來和對方溝

通極容易引起他人的反感。一旦別人的心理產生了厭惡情緒，自然就不願意告訴你實話了。而閒聊的方式則不同，從表面上看，這種方式顯得有些浪費時間，但實際上這種浪費卻是值得的。因為它能夠給對方帶來輕鬆愉悅的心情，也可以對你產生親切感和信任感，接下來也就會順理成章地向你敞開心扉了。

## ❷ 以平等的方式進行溝通

身為美國聯邦的安全衛士，FBI應該比一般公民的社會地位要高一些。但是，他們很少會端起架子以居高臨下的方式來和人交談。因為他們知道，這種以勢壓人的方式很容易會引發溝通對象的厭惡情緒，更難營造一個良好的談話氛圍，自然也難以讓別人說出實話來。

FBI在與別人溝通的時候一般都會採取平等的方式。比如，面對一個剛剛下班回家的知情者，他就會親切地說一些「今天工作很忙吧？作為上班族我們都很辛苦，不過沒辦法，誰都要吃飯啊……」之類的話。這樣就會讓對方覺得兩者的地位是平等的，都是領人家薪水的領薪族，心裡就沒有了隔閡，也就願意主動告訴FBI實話了。

以平等的方式和別人進行溝通的時候，要表現得自然一些，不能顯得太虛假，否則會讓人認為是惺惺作態。同時，也不能扮演一個同情者的角色，以免給對方帶來不愉快。

## ❸ 選擇友善的坐姿

如果是熟人之間的溝通，那麼選擇什麼樣的坐姿都無所謂，但是在第一次見面的人面前就不能顯得太隨意了。畢竟，對方會因為你是聯邦探員的身分而產生緊張、不自在，這種緊張的情緒不但會讓交流的過程變得不順暢，而且還是說實

話的大敵。因此，選擇一個什麼樣的坐姿至關重要。

與人對話的時候不要雙手抱胸，那樣容易給人帶來傲慢的印象。正確的坐姿應該是雙腿併攏，身體微微前傾，當你上身向前傾，會顯得更有誠意，也更容易拉近你與對方的距離，因為這種坐姿是在向對方傳遞親切友善的訊號。

## ❹以求教的形式

適當地放下身分，以求教的形式來和別人進行交流，能夠滿足對方的虛榮心。一旦對方的虛榮心得到滿足，下意識裡就會對你產生一種感激。感激一旦產生，他也就會以實話實說的形式來回報你對他的尊重。

在現實生活中，我們也應該多用求教的形式來營造良好的溝通氛圍。比如，在向同事進行工作溝通的時候，就可以多說一些「你可不可以幫一下忙，看看我的資料和你的是否一樣？」「你現在有時間嗎，幫我看一下這個單子是不是出現了一些問題」之類的話。

## ❺把握談話的氣氛

在很多時候，原本心情愉快的人卻會在毫無徵兆的情況下出現言論過激、情緒不穩的現象。這種現象是良好溝通氛圍的大敵，遇到了這種情況時，我們應該怎麼處理呢？FBI說，面對這種情況首先就要穩住自己，不能顯得太慌張或者是太憤怒，然後再採用轉移話題、中場休息的形式，先讓對方的情緒穩定下來，之後再進行溝通和交流。

✏在與人溝通的時候，一定要善於觀察，以最快的速度發現對方感興趣的話題，營造一種輕鬆隨意的談話氛圍。伴有「微笑」的聲音不僅能夠緩和一些緊張的談話氛圍，還能夠使說話者的表情柔和，這時所發出的聲音會給對方留下好印象，博得他人好感和信任。

另外，當雙方出現意見分歧的時候，也要避免針鋒相對，溝通能力好的人都會用同理心來傾聽，用對方的角色、站在對方的立場去「感受」對方的處境和情緒，對談時不管對方拋出任何情緒，都能先認同對方的「情緒」，但對情緒的認同並不代表對對方「意見」的認同。讓對方知道你認同他的情緒之後，再試著討論事實和共商解決對策，如此一來，就有很大的機會往皆大歡喜的結局發展。

# 16 觀察他的神色，識破謊言

　　人人都會嘗試偽裝自己，但是眼睛最難偽裝。一個不經意的眼神，就能出賣人心。人的五官之中，眼睛是最敏銳也是最不能欺騙人的，一個閃爍的眼神，就能洩露你內心所想。而那些會讀心術的人，能抓住你眼神所流露的點點滴滴信號。一個人最難掩飾的就是眼神，你的語言動作都可以被你的思維所掩飾，可是你的眼神想要掩飾就沒有那麼容易了，因為眼神的偽裝是很難做到。

　　在警察破案的時候，就常常會觀察嫌疑人的眼睛，在他們問出一個問題之後，就看他們的眼神有什麼變化，從而來分析他們所說的話的真實性。而這觀察眼神的方法也是屢試不爽。

　　一般來說，說話要撒謊很容易辦到，但眼睛卻不容易說謊，能真真切切地把說話者的內心想法表露出來。有科學研究表明，人的主觀意識無法控制瞳孔的大小變化。（當一個人情緒有強烈波動時，在交感神經的作用下，瞳孔會有放大的現象，同時伴隨心跳加速、血壓上升等現象。因此，一個人在撒謊或興奮時，他的瞳孔都有可能略微擴張。但也有例外，人在極度恐懼時，瞳孔會瞬間縮小。）

　　雖然瞳孔的變化能夠暴露一個人內心的想法，但是畢竟我們不能一直盯著人的眼睛。那麼如何做到在他人沒有察覺的情況下，看穿他的秘密呢？答案是——觀察對方的眼神、視線變化、眼部活動這些較明顯的「訊

號」來了解他們。

　　此外，我們還能透過眼神，來判斷對方是屬於哪種個性的人。一般初次見面，雙方相視一段時間，先移開視線的人，其性格傾向於外向、主動。我們為了占據優勢地位，可以在最初的30秒與對方進行視線接觸，然後先移開目光，觀察對方的反應。如果對方因此表現出了忐忑和不自然，說明他還不夠自信，害怕被人牽制。如果對方從不集中視線與你交談，只看你的額頭或眉心，就得小心應對了。因為這表明他善於掌控局面，更為自信，善於掩藏情緒，能言善辯。

　　FBI告訴我們，一個人的神情是其內心世界的顯示器。透過觀察他的神色，就能推斷出他是不是在說謊。一個人的內心世界可以用語言來掩飾，但是他不經意間的動作卻能夠表達出其真實的想法。

練習
Tips

　　究竟怎樣做才能觀察他人神色，來推理出實話還是謊言的呢？FBI為我們提供了以下幾點方法：

## ❶觀察臉部表情變化

　　FBI告訴我們，人在害怕、驚慌、擔憂的時候，眉毛就會很自然地揚起，上眼皮也會隨之抬起並且拉緊；在傷心的時候，嘴角會向下垂，興奮時嘴角會向上提；感到委屈時，嘴巴會微微撇起，驚訝時嘴巴會不自覺地張開。而嘴巴也是非常容易解讀對方的觀察重點。當一個人專心聆聽的時候，嘴角的肌肉會自然鬆弛，嘴巴微張，隱約看得見牙齒。相反地，如果他對於你說的內容不感興趣，或是緊張、懷有負面情緒時，嘴巴會緊緊閉上，因為他這時心裡的OS是：「還是

要正經一點，假裝認真才好。」所以，只要多留心對方的嘴角動作，一下子就解讀出他的真正情緒。可以試著觀察一下初識和熟識的朋友，你會發現到初次見面的人通常都緊閉雙唇，而很熟的朋友大概都嘴巴微張。

「舔嘴唇」也是一個觀察重點。因為一個人如果說謊，他會感到緊張，嘴巴會變得很乾燥。在他說謊後，看到對方接受了自己的說法後，就會放鬆心情，然後無意識地舔上嘴唇。這個小動作並不會出現在說謊的當下，而是在「說謊之後」才觀察得到，因為這是一個安心的動作。

## ❷觀察瞳孔變化

FBI認為，眼睛是心靈的窗戶，瞳孔的變化可以反應出一個人的真實情緒。人在情緒激動時，當情緒激動時，瞳孔就會擴大，這是本能的反應，人的主觀意識是無法去改變它的。

## ❸觀察視線方向

視線的方向也能反應出一個人的內心世界。FBI經過多年的觀察實踐，告訴我們不同的視線方向傳遞著不同的資訊：

長久地凝視代表著強烈的愛與恨；視線停留在對方的雙眼與胸部之間，則表示對對方很有興趣；迴避對方的視線則表明心虛、害臊或者是厭惡；偷偷地瞄，代表著膽怯；視線不集中，左顧右盼則代表有心事；眼睛不停地向下看，則表示心情沮喪或者是很悲傷。

## ❹觀察眨眼頻度

FBI分析說，眨眼是人的本能反應，很難受主觀意識所操控。人每分鐘眨眼5～8次是很正常的現象，一旦情緒產生波動時，眨眼的頻率就會頻頻增加。

不同的情緒有著不同的眨眼方式，大致可以歸納為連眨、超眨、擠眉弄眼等。連眨是指在單位時間內連續眨眼，所傳遞的信號是猶豫不決、考慮不成熟，有時候也是竭力抑制激動情緒的表現。超眨則是幅度誇張、速度較慢的眨眼動作，它所傳遞的信號是故作驚訝，在超眨的背後則是「我不相信我的眼睛，所以大大地眨一下以擦亮它們，來確定一下看到的是不是事實。」

擠眉弄眼是眨眼頻度的另一種表現形式，它是有默契的兩個人之間的特殊信號。所傳遞的資訊是：「這是我們兩個人的秘密，別人無法得知。」在交際場合，兩個朋友間相互眨一下眼，表示他們對具體的一件事有著共同的感受和看法；若相互眨眼者是陌生人，則帶有強烈的挑逗意味。

擠眼的時間保持在1秒鐘或1秒鐘以上，就傳遞出厭煩、不感興趣或藐視、蔑視等資訊，反應出一個人自視清高、目中無人的內心世界。擁有這種習慣的人，多是一些性情孤僻而又自高自大之人。

## ❺看臉色的變化

一個人的臉色並不會一成不變，往往會隨著情緒的變化而產生相應的變化，表現最為明顯的是變紅和變白。

臉紅是害羞、尷尬、羞愧、憤怒的表現。若是由面頰中心向外擴散，表現得是害羞、尷尬與羞愧，若在很短的時間內整個面色全部變紅，則表示憤怒。

臉色蒼白則是心虛與恐懼的表現。若臉色先變紅後變白，則表明對方是在極力抑制自己的怒氣和克制進攻的衝動。

## ❻觀察表情時間

FBI說，具體表情時間的長短也能反映出說謊的痕跡。它主要從三個方面觀察起：表情的停頓時間、起始時間和消逝時間。

某種表情停頓的時間較長，就說明這種表情是虛假的，這種表情之下所說的話也是言不由衷的。無論是高興還是悲傷，憤怒還是恐懼，這些表情都不可能在臉上停留太多時間，比如10秒鐘或停10秒鐘以上的時間，甚至是停頓5秒鐘時間的表情也可能是不真實的。FBI認為，人除了那種極其強烈的情緒感受，比如興高采烈，義憤填膺，肝腸寸斷等強烈的情緒之外，自然的表情很難超過4～5秒鐘；再者，即使是非常激動的情緒，其前後程度也是有所不同的。

　　起始時間和消逝時間更為短暫，無論一個人表達什麼樣的情緒，他表現出來的表情通常超不過一秒鐘。若起始時間和消失時間過長，就是在傳遞虛假的信號。這虛假的信號則表現出三種真實的資訊：一是故作姿態，即為了迎合別人或者是表達內心想法而在表情上故意誇張；二是嘲笑對方，以具體的表情來表達對對方的不屑；三是象徵性表態，意在迎合對方。

## 話術 POINT

☛避免眼神接觸或很少直視對方，就是典型的欺騙徵兆。當一個人在撒謊時，他會用盡方法去避免和你有眼神上的接觸。他的潛意識認為你能從他的眼睛裡看穿他的心思；因為心虛，他不願面對你，並且眼神閃爍、飄忽不定，或老是往下看。通常說謊者在說謊前會眼神飄移，在想好說什麼謊後，會眼神肯定，如果你認真地反駁他，說謊者會再次出現眼神飄移。相反地，當一個人說真話，或因為被冤枉而忿忿不平時，他反而是全神貫注，定睛直直地盯著對方，希望對方把話說清楚。」

# 17 從交談中發現蛛絲馬跡

我們知道，不同的人有著不同的說話特點。而FBI卻往往能夠從不同的說話特點中發現謊言的線索。

那麼我們怎樣才能意識到自己聽到了或大或小的謊言呢？專家們告訴了我們幾個識別謊言的技巧，比如注意對方和你說話時的聲調是否有了變化？聽聽對方說話時是否在不需要換氣時換氣？如果是這樣，對方可能就是在撒謊。還有就是撒謊者說話的語速可能會突然加快或減慢。

有許多人在編織謊言的時候幾乎可以做到以假亂真，在細節上也經過了慎重的考慮，很難讓人破解。但是，他們的聲音卻會出賣了他。

那麼，說謊者說話究竟有什麼特點呢？主要有以下幾點：

## ❶語速過慢

FBI會藉由問一些簡單問題的形式來測試這個人是否說謊。他們經常會問犯罪嫌疑人：「你平時幾點上下班？」「你和周圍的人相處愉快嗎？」被提問者在回答的時候，思考的時間越長，說謊的嫌疑就越大。

這些問題並不需要長時間的思考，只需要根據個人的本能反應來回答就可以

了。如果在回答這些問題的時候，所用的時間明顯比其他人長，就說明他是經過了思考之後才回答的，而這個答案很明顯是編出來的謊話。

## ❷ 言辭激烈

FBI說，言辭激烈的原因一般有兩種情況，一是為了掩飾。比如，當別人對他表示不信任的時候，他會表現得非常氣憤，大聲辯白。這樣做的原因是想轉移對方的注意力，對自己的謊言圓謊；二是虛張聲勢，希望用聲音壓倒對方。不過，這樣做卻並不能取得良好的效果，反而將自己置於更尷尬的境地。

## ❸ 用語平談，極少強調

FBI認為，交談過程中，說實話的人往往會無所顧忌地強調話語中的人稱代詞，使話題顯得毫無邏輯性，相對的，謊言卻是經過了一番思考之後才說出口的，在邏輯上就會顯得更合理一些。說謊者就很少使用「我」或「我們」之類的人稱代詞。而是喜歡明確地回答「是」或者「非」。

一般情況下，說謊者在表達的時候，很少會選擇強調性的語氣。比如，當一個說實話的人講述一件令人興奮的事情時，會說「這件事情實在是太好玩了，我差點樂昏過去」，而說謊話者卻會說：「很不錯」「還行」。

說實話的人在表示同意或者是反對時，往往會故意拉長句子中具體字的音調來強調，例如「是——的」「不——是」，說謊者卻從來不會做這樣的強調。

## ❹ 說話不流暢

這是「低級」說謊者的共同特徵。之所以會出現這種情況，一是因為說謊者有恐懼心理，二是說謊者此時還在進行著編造謊言的思考。這兩方面的原因導致

了説謊者在説話的時候會表現出吐詞不清、聲音較小、缺乏熱情、丟三落四、所説的話好像是硬擠出來一樣。

## ❺ 覆述的過程中出現漏洞和停頓

FBI強調，儘管謊言是經過了一番縝密的思考，但卻是臨場發揮出來的，往往是説過就忘。假如你對他們的話表示懷疑，通常要求他覆述一遍的時候，他往往就會露出馬腳來。

當然，高明的説謊者在説謊前曾經在腦海裡做過一次排練，能夠將所要表達的資訊大致記住。不過，他們在覆述的過程中會出現停頓。這是因為，為了不讓謊言在邏輯上出現太大的出入，他會在下意識裡將第二遍謊言進行過濾，為了能夠讓語速和思維相吻合，也就不可避免出現停頓了。

## ❻ 喜歡轉移話題

許多説謊者為了不讓自己的大腦陷於過於疲憊的狀態，同時也為了不讓聽者對他説的謊言追根究柢，都喜歡在突然之間選擇轉移話題。

假如對方迅速轉移話題，就證明了他剛才在説謊。為了驗證這一點，你不妨裝作對他所講的話非常感興趣的樣子，「興致勃勃」地去追問：「剛才的故事我還沒有聽夠呢，再給我仔細講講吧！」，這時候，你就會發現對方的臉上呈現出一絲慌亂和不耐煩的神情來。如此一來，就可抓住謊言的蛛絲馬跡。

## ❼ 表達的訊息量太多

FBI認為，對於平常人來説，一個非常簡單的問題，只需要將過程大致表述一下就可以了。但是在説謊者的嘴裡，卻憑空增加了很多修飾性的成語和細節性

的問題，這就顯露出了説謊的端倪。

　　説謊者為了讓人相信自己所説的話，往往會運用大量的辭彙來反覆修飾自己的謊言。從這一點上來説，語言中訊息量明顯過多也就成為了謊言的破綻之一。訊息量過多所表現的並不是一個人的熱情，而是他做賊心虛和文過飾非的心態。訊息量過多是一種非常反常的説話方式，説謊者們這樣做的原因是為了把謊言説得更圓滿一些。孰不知，這樣的做法卻成了欲蓋彌彰之舉，反而使謊言更加暴露了。

**話術 POINT**

　　👉我們還可以從觀察一個人在説話時的「微妙變化」比如，一個安靜的人突然話多了起來，或者一個正滔滔不絕説著話的人突然安靜下來。不過，這不能斷定對方一定是在撒謊，只能説值得懷疑。

　　還有就是被問話時，説謊者會盡可能少説話，他們常會説一些不完整的句子，為了盡量少露破綻，就惜字如金。但撒謊者往往又會很心虛，希望別人相信他們，因此儘管他們話很少，他們常常會在別人沒有要求的情況下，很自然地為自己説的話加上一些證明。

# 多讚美，「捧」出對方的真心話

在工作和生活中，我們難免會遇到這樣的現象：某人在和你交談時，並沒有坦誠相待，不能做到推心置腹，而是會耍一些花招，講一些花言巧語或者是睜著眼睛說瞎話。遇上這種情形，我們會很不滿意，甚至忍不住發火，把對方狠狠地訓斥一通，逼迫對方說出真話。這種以批評換真話的方式根本無法令你如願，也是不足取的交談方式。

FBI在辦案期間，會遇到很多狡猾的犯人和不願意提供線索的市民。面對狡猾的犯人，如果沒有充足的證據，FBI很少會大聲地訓斥他們，也很少會逼迫他們交代犯罪事實；對於那些不願意配合提供線索的市民，探員們也很少會向他們強調身為國民應盡的責任之類的話題。因為他們知道，厲聲恫嚇的方式非但不能打開他人的心結，還會激起對方更加激烈的反抗，最終會出現事與願違的情況。因此，遇到了不肯合作的人，他們通常都會採用「糖衣炮彈」。多說一些讚美的話來誘導對方交代事實，說出真話。

如果說是訓斥需要權力的話，聯邦調查局的成員比一般人更具有使用這種權力的資格，不過，他們很少會採用這種方式來獲取資訊。因為他們明白，要想讓別人為自己提供線索或者是要求他們改正錯誤，就不能用這種簡單粗暴的方式。訓斥別人固然可以給對方帶來一些心理上的壓力，起到震懾的作用，但是這樣做最終卻會出現反彈，會加遽對方的防範意識

和反抗心理。

　　FBI在和人進行攻心戰的時候，經常使用「糖衣炮彈」的方式誘導對方說出真話。比如，他們會對一個不願意提供線索的市民說：「我知道您是一個守法的公民，也知道您為人非常熱心是這一帶出了名的，因此才來向您詢問情況的。如果沒有了您的幫助，我們這個案子就會辦不下去。」面對拒不交代的犯罪嫌疑人，他們會告訴對方：「你在平常的時候就是個奉公守法的好人，我能理解你這樣做有著迫不得已的苦衷。你放心，只要是你主動配合，我們就會為你爭取對你最有利的懲處。」──在要求對方講出真話之前，先讚美一下他，然後再提出自己的意見。無數個事實證明，這樣做能夠起到非常顯著的效果。

　　卡耐基曾說：「如果人們在聽到有人讚美自己的長處後再聽到人們批評自己的短處，心情也不會變差。」其實，讚美的方式，就是一個行之有效的「糖衣炮彈」。資深的FBI都深諳這一點，因此，在攻心戰中，他們也就能夠所向披靡，頻頻獲勝。

　　當然，運用讚美的話也應該掌握一定的方法和原則，以下總結了一些要點：

## ❶ 按照他的期望值去讚美他

　　要想將讚美發揮最佳的作用，就應該知道對方擅長什麼，喜歡什麼，對什麼東西比較期待。也就是說稱讚別人要搔到癢處，要誇對對方期待你稱讚的那一點

上。如果你不瞭解這些，盡說些空泛的讚美語言，很難產生應有的作用。比如，一名IT工程師，最得意的事情莫過於在電腦程式編寫方面的成就，如果你不明就裡，誇獎他文章寫得好，恐怕就會引起他的不快。

## ❷感情要真摯，表情要誠懇

從很大程度上來講，讚美就是一種逢場作戲，但是我們不能以兒戲的心態來對待，而是要充分運用感情因素，在表情中表現出最大的誠懇來。唯有如此，才能使對方感動，才能得到別人的信賴和好感。反之，如果皮笑肉不笑，甚至連笑也懶得笑，無論你說的話多麼動聽，恐怕對方也不會買帳。

## ❸堅持適度原則，否則就過猶不及

有人認為好話不嫌多，這是不對的。讚美別人的話說得太多，容易讓對方產生「審美疲勞」，沒完沒了地講一些好聽的話，很可能會讓對方覺得你假惺惺，同時還會認為你對其有所求，於是，他們在下意識裡就會疏遠你，對你有所防備，不願意和你親近。一旦出現了這種情況，你所有的讚美也就變成了無用功。

## ❹借助第三方

當面誇獎一個人，固然可以為其帶來心靈的愉悅，但效果卻沒有比借用第三方的形式來得更佳。畢竟，第三方的誇獎更有說服力，也更有公信力，可以最能滿足被誇獎者的虛榮心。故而，我們在誇獎他人的時候，就應該多借助一下第三方的話，說一些「大家都說你是一個重感情的人」、「老闆說你做事很有條理」之類的話。這種讚美方式，能夠發揮到更好的效果。

在工作和生活中，我們要對人少一點批評，多說一些讚美的話來取悅對方，讓其說出真心話。因為這種方式最容易在最短的時間之內消除一個人的抵觸心理和防備心，可以很快地從其口中得到準確的資訊。但是，有許多人卻並不明白這一點，他們在和同事或者是下屬交談的時候，往往會有一副得理不饒人的架勢，在語氣上也比較蠻橫和強硬，反而引起別人對他們的反感。

想要與不熟的人交談，並留下良好的印象，讚美對方的服飾、小配件會是很好的話題，例如「你的絲巾好特別喔，好合適你的氣質！」盡量使用一些符合潮流的現代用語，諸如「很有風格、很有品味、很別緻、很時尚、很有氣質……，你眼光真好」，這幾句話要比「你好漂亮」或「這件衣服一定很貴」這種常聽到的話語來得更令人開心。

# 放緩語速，有利於摸清對方意圖

　　平日裡喜歡看政治新聞的人會發現一個現象，那就是叱吒政壇的風雲人物在電視節目裡講話的時候大都語速緩慢，語調沉穩，慢條斯理。其實這樣講話並不是因為他們本身語速慢，而是放慢語速有助於理清思路，也會讓他們顯得更有氣勢，更為威嚴，擲地有聲。因此，我們平時與人交談的時候，說話不要過於急躁，而是應當放慢語速，這不僅是出於禮貌的表現，同時也體現出了你沉穩而有把握的心態。

　　在平時的生活中我們也會遇到這種人，尤其是在商務談判或者是與上司交談的時候，對方總是異常沉穩，不急不躁，說話有條不紊，有種不容侵犯的感覺，讓你容易被對方牽著走，這就是放緩語速的效果。

　　員警在審問犯人的時候也是這樣，一般在審問犯人的時候，員警不會先說，也不會多說，而是讓犯人多說，這樣就能夠將犯罪嫌疑人的心理防線一點點擊潰。俗話說，言多必失，如果你總是滔滔不絕地表達自己的觀點，那麼別人很快就能夠洞察到你的內心想法，從而牽引著你向前走。

　　美國聯邦調查局的資深心理專家布多克說：「那些講話不快的人，他們都有著一雙睿智的眼睛，能夠在別人說話的間隙中讀懂別人的思維，並搞清楚自己接下來怎麼說話更為妥當。」他說的話的確不無道理，因為說話慢除了能夠讓思路更為明晰之外，還能夠減少自己犯錯的機會，讓你有更多時間去思考，比如內地的知名主持人王剛，在跟人交談的時候總是

語速比較慢，實際上在這個過程中他把要說的話全都在腦子裡想清楚了，這樣就能夠做到萬無一失，完全掌控話語權，讓自己處於有利的地位。

那麼，我們要如何在慢條斯理的說話過程中洞察對方的心理呢？以下是練習的重點：

## ❶放慢語速的同時加快思維

美國FBI的一位探員說過：「說話慢的時候，思維就要轉動得快一點兒，這樣才能夠讓你的下一句話問到關鍵問題上，從而獲取更多的資訊。」由此看來，放慢語速是為了讓自己的思路更加清晰，而不是讓自己的思路隨著自己的語速越來越慢，如果你想要觀察到對方的心理，就應當語速慢一點，注意觀察對方，同時思維要高速運轉，這樣才能夠立即捕捉對方的真實意圖。現實生活中，很多人在與人交談的時候，說話像機關槍一樣，滔滔不絕，然而他們的思維卻跟不上語速，這就導致他說了大半天，別人卻聽得雲山霧罩，無法聽清楚他講的都是些什麼。所以，與人交談的時候，首先放慢語速，讓別人能夠完全聽清楚你要表達的資訊，因為，只有當對方弄明白你說了什麼之後，他才能夠做出相應的反應，也就是說，如果你滔滔不絕地說了一堆話，可是別人聽得糊裡糊塗，那麼你的一番話就白說了。

## ❷語速放慢有利於你摸清對方的心理

聰明的人跟人講話的時候，都會不急不徐地表達自己的觀點，看似漫不經

心，實際上心裡都跟明鏡似的，因為他一邊說話一邊在觀察你。說話慢的人通常心理上都顯得更為成熟，他們在面對問題的時候不會過於急躁，而是會慢慢地觀察對方，從對方的話語中聽出對方的真實意圖。所以，放慢語速能夠幫助你更有效地觀察對方，瞭解對方的真實想法，對於達到你自己的最終目的是非常有利的。

## ❸ 語速可以放慢，但是不能夠三心二意

FBI的警官托尼・庫科奇說：「說話慢一點兒總是有好處的，但是你在和另外一個人交談的時候，你緩慢的語速會讓對方說得更透徹一些，但是如果你總是不看對方的臉，顯得很輕佻，那麼別人肯定會終止和你的談話。」

一個人說話緩慢而沉穩，會顯得你胸有成竹，比較睿智，可是如果你講話的時候不夠專心，就會讓對方覺得你心不在焉，以為你瞧不起他，所以，我們和別人溝通交流的時候，語速可以放慢，但是一定要專心、專注，要注意看著別人的眼睛，這樣才能夠讓對方感受到你是真誠地與他交流，而不是敷衍、將就了事，這樣就能夠讓你獲得更多有利的資訊。

## ❹ 要將肢體語言和語速相結合

我們都知道，肢體動作是我們的第二語言，也被稱為肢體語言，它是更能表現你真實想法的一個途徑。所謂肢體語言，就是透過手勢、表情、站姿、空間距離等非語言行為所表達出來的內心意識。

知名心理學家艾賓豪斯（H. Ebbinghaus）說過：「聰明的騙子不但是語言會騙人，而且身體和心靈都會騙人，他們的一舉一動，在透露出自己真實想法的同時，也能夠迷惑對方，而那些不會騙人的人，就是那些總是被自己的身體語言

給揭穿的人。」因此，我們借由放慢語速來掩飾自己真實想法的同時，也應當注意自己的肢體語言，不要因為肢體語言而暴露出自己的言行不一。

**話術 POINT ★★★**

☛語速如果快的話，雖然可以表現出說話者的反應迅速，思維縝密，卻會產生咬字不清，讓聽者跟不上，聽漏了，造成聽者心理上的壓力，不利於溝通。所以，我們在與人交談尤其是談判的時候一定要放慢自己的語速，加重語調，盡量讓別人感受到你語言的力量，這樣就能夠像FBI特務那樣，洞察到別人話語中的漏洞，從而瞭解到別人的內在心理活動，做出對自己最為有利的判斷，發揮出致命一擊，達到自己想要得到的結果。

# 連哄帶嚇，套出實話

　　我們都認為，兒童是最為誠實的，因為他們都不善於撒謊，即便撒了謊，只要用點小技巧就能夠讓他們說出實話來，那就是連哄帶嚇的方法，其實對於成人也可以利用這種手段來套出他們的實話。

　　美國聯邦調查局認為，我們每個人身上都存在兩種心理——成人心理和兒童心理。比如一個成年人，他在平時的舉動中可能相當穩重、成熟，在人前總是風度翩翩，舉止合宜，是眾人眼中不折不扣的領袖人物，可是一旦他回到家裡或是在自己非常熟悉的人身邊，則顯得如同小孩子一樣，這就是成人心理和兒童心理在作祟。在大眾場合，他會利用成人心理去思考和處理事情，可是等他來到自己熟悉的環境之後，見到自己親近、熟悉的人時，他的兒童心理就會逐漸顯現出來，尤其是在戀人面前，更是無所顧忌，所以很多女人說男人都是長不大的孩子，這就是兒童心理的作用。

　　而聯邦調查局的探員在審問嫌疑人的時候，就會抓住這一心理對嫌疑人進行審訊。他們為了能夠徹底摸清對方的心理，就會運用連哄帶嚇的手段逼迫對方說出自己的真實意圖，而這一手段往往屢試不爽。這被他們稱為成人心理戰和兒童心理戰相結合的戰術。

　　所謂「成人心理戰」，美國聯邦調查局高級探員伯德林格曾做過這樣的解釋：「成年人都有完整的思維意識，這個時候你去誘導他們可能很

難，但是他們在經受過挫折和失敗之後，就會變得容易恐懼，所以威嚇有時候更能夠讓犯罪嫌疑人招供。」從伯德林格的分析中我們能夠得知，運用成人心理戰的時候要用威嚇這一招，利用對方的恐懼心理摸清對方的真實意圖，讓對方在戰戰兢兢，惶惶不安中按照我們的思維去行事。

同時，伯德林格對「兒童心理戰」也做出了這樣的解釋：「每一個人的天性中都有依賴心理，而人最願意依賴的就是自己的父母親，所以我們在審訊的時候就會用『哄小孩』的方式對待一些犯罪嫌疑人，讓他們逐漸相信我們，一點兒一點兒地交代出自己的犯罪事實。」從這段話中我們能夠得知，在運用兒童心理戰的時候，你就要懂得如何去哄騙對方，騙取對方的信任，從而摸清楚他的心理意圖，讓其逐漸信任我們，從而在這個過程中逐漸掌握對方的思維。

在現實生活中，我們也可以運用這兩種戰術，也就是抓住對方的恐懼心理和依賴心理，從而牽引住對方的思維，讓其隨著我們希望的方向發展，從而贏得競爭。那麼，我們要怎樣運用這兩種心理戰術呢？

### ❶ 摸清楚對方內心深處最為恐懼的地方，重拳出擊

世界知名心理學大師艾賓豪斯（H. Ebbinghaus）說過：「每一個人的內心深處都有兩塊禁忌之地，一塊是讓他最傷感的地方，一塊是讓他最恐懼的地方，而對人傷害最大的並不是最傷感的地方，而是最恐懼的地方。」美國聯邦調查局的警官斯蒂芬・嘉緯修斯科也說：「在審訊的過程當中，如果能夠讓犯罪嫌疑人感到恐懼，那麼他們就會將犯罪過程交代得清清楚楚，因為恐懼是突破心理防線

的最有力武器。」正如他們二人所說，我們在日常生活當中與競爭對手展開心理較量的時候，如果能夠抓住讓對方感到最為恐懼的對方，並重拳出擊，就能夠讓他自亂陣腳，不知所措，從而勢如破竹般攻破對方的心理防線。

很多人說，怎樣才能夠知道對方感到最為恐懼的是什麼呢？其實不難，如果對方極力回避什麼，那麼這往往就是對方感到最為恐懼的地方，所以，在競爭中我們要善於觀察對方是否在有意無意地回避什麼，如果對方故意回避，你就可以深入地追問，這往往就是他們最不願面對的部分，也是感到最為恐懼的地方，這時候你就可以將對方一舉拿下。

## ❷ 以「哄」的手段逐漸獲取對方的信任，察覺其真實意圖

心理學大師佛洛依德曾經說過：「那些我們愛聽的話，往往都是謊言，耳朵舒服的同時，我們的身體和內心會遭受更大的傷，在恭維中接受別人的要求。」因此，和競爭對手進行交流的時候，不僅僅要利用對方的恐懼心理，也要運用兒童心理的戰術攻佔對方的心理領地。

我們要學會用恭維或者親近的語言逐漸獲得對方的信任，逐漸讓其喪失警戒心，從而逐步掌握對方的心理。當然，對方是成年人，我們不能夠完全將其當做兒童對待，所以在「哄」對方的同時還要搭配縝密的思維方式說服對方，讓對方將其真實意圖吐露出來，只有這樣你才能夠贏得這場對話，才是這場心理博弈中的勝利者。

👉很多人都是「欺軟的，怕硬的」，對待他們要軟硬兼施、剛柔並濟。一味地姿態放軟無異於任人欺侮，但態度太硬又會招致對立，處處樹敵。如果能用硬壓住對方囂張氣燄，用軟取得對方的認同，給人面子，便會讓對方產生順水推舟的心理。以損威之，以利誘之，可以用善意的威脅使對方產生恐懼感，使對方就範，既要不讓對方完全把自己放到敵對的位置，又要抓住機會，層層推進，把理說透，並把握好「軟」和「硬」之間的平衡，善加運用對方的恐懼心理和依賴心理，連哄帶騙、以利以迫地硬是讓這些不是很配合難纏角色，不得不妥協，從而就達到了自己的目的。

當然，威脅也要講究一定尺度，你還必須要站在「理」上，才好威脅對方，千萬不要過火了，否則後果不堪設想。

# 故意提供錯誤資訊，讓對方說出實情

　　如果我們想要瞭解一個人，得知他的真心想法，就需要透過問與答來了解。但是，對方很可能回應你的是虛假的資訊。如果你相信了他所說的虛假資訊，就難免會受到一些損失。為了避免上當受騙，我們就應該用故意提供錯誤資訊的方式來「誘使」對方說出實情。為什麼錯誤的資訊能夠「套出」實情呢？原因很簡單：錯誤的資訊會對事情的本身進行扭曲和誇大，而該資訊又和對方的切身利益息息相關。如果他不辯解，就等於是默認，勢必會給他帶來不利的影響。為了證明自己的清白，他就不得不把實話說出來。

　　在和犯罪份子的較量之中，FBI們經常會採用這種方式來誘使對方招供。我們來看以下的例子：

　　FBI：有人舉報你管理的帳目上丟失了500萬。我們懷疑是你做了手
　　　　　腳，你怎麼解釋？

　　會計：這是在誣陷，根本不可能。

　　FBI：我們已經對你管理的帳戶進行了審查，確實發現短少了500
　　　　　萬。

　　會計：天哪……這怎麼可能……

　　FBI：帳目一直是由你管理的，如果你不說明清楚，這500萬的損失
　　　　　都會算在你的頭上。依法你至少會被判二十年的有期徒刑。

會計：不可能！你們一定搞錯了，帳目上不可能會出現這麼大的缺口！

FBI：怎麼不可能？貴公司已經報案了，現在能證明你是清白的人只能是你自己。你只要把問題交代清楚，和我們合作，我們會你提供盡可能的幫助。

會計：合作……我不知道怎麼合作……

FBI：非常簡單，你老實說，你究竟從帳戶上挪走了多少錢？

會計：大概……也就是30多萬……

FBI：30多萬？這麼少？你敢確定嗎？

會計：我敢確定！你要是不信，我可以把帳本交給你，帳本還在我的手裡呢！我真的沒有拿那500萬！

FBI：好吧，我相信你，因為事實上根本就沒有500萬的缺口。

審訊中，FBI都是在圍繞著一個虛假的事實向會計進行心理攻擊。會計最初的反應讓FBI確定了他就是挪用公款的犯罪份子，還明白了其挪用的數目不是太大。接著，FBI就咬定500萬的缺口不鬆口，一再強調挪用公款的嚴重後果。在FBI的進攻之下，會計的心理防線嚴重動搖。FBI見狀，就適時地向他提供了一個解決問題的方法：只要他坦白交代事實真相，就能夠得到從輕量刑。此時，已經完全喪失了判斷能力的會計為了脫身，就不得不主動交代了自己所挪用的金額。——如果沒有虧空500萬的虛假資訊做引導，讓這位會計主動承認自己挪用公款的行為恐怕就要大費一番工夫了。

在日常生活中，當我們和別人談話時，如果意識到對方隱瞞了一些情況，但在短時間內還無法完全掌握證據的情況下，我們完全可以採用虛假資訊的方式來引出真相。

在職場中，一些公司在招聘員工的時候，為了瞭解應徵者的真實情況，常常會虛擬一些問題，或者是向其提供一些假像，然後再觀察對方的反應，從而判斷這個人的思維能力和道德標準。

我們來看以下這個面試情景：

面試官：公司規定不可以收取客戶市價超過500元以上的禮品。但是有一次，你和上司去拜訪一名客戶，會談結束後，對方送給你們兩張價值為600元的音樂會門票。你的上司對這個音樂會非常感興趣，遇到了這種情況，你會怎麼做？

應徵者：我會選擇收下。如果不收的話，就是不給客戶面子，也可能會讓上司失望。再說，只超出了100元，金額也不是太大。想必也不會對公司帶來什麼損失，因此，我不但會收下，還會和上司一塊兒去看音樂會。

面試官：假如把那兩張門票換成幾千元的現金呢？你又會怎麼做？而且你發現上司也傾向把錢收下來，你不會讓他不高興吧？

應徵者：那我絕對不會收，收現金是違法的，也會給公司帶來很大損失，我絕對不會做背叛公司的事。

面試官：如果你的上司強迫你收下，你做不做？

應徵者：這個……我……我只能視具體情況再做應對了……

面試官：對不起，你現在可以走了。

在這場談話中，面試官透過一個假定的事實，對應徵者的職業道德

做出了考驗，真正瞭解了這名應徵者內心的想法。很明顯，面試官不希望應徵者選擇任何一個答案，因為公司規定不允許員工接受客戶500元以上的禮物。而應徵者沒有搞清這一點，誤認為這是對他應變能力的考驗，因此，被淘汰也就在情理之中了。

　　面對一個說謊者或者是一個不瞭解的人，如果想要在最短的時間之內得知他內心的真實想法，我們可以假資訊為誘餌，用編造的假像來試探他。因為，在假像面前，一個人的真實性格很容易暴露無遺。

**話術 POINT**

　　☛人們普遍都有希望比別人厲害的天性，認為教別人或指正別人，自己就是比較聰明的，而自得意滿。而假裝不懂的套話技巧就是一種讓對方感到痛快的方法。

　　其次要「故意說錯話讓對方糾正」好讓對方覺得愉快。從對手那裡套出情報的更高一等的技巧，那就是故意說錯話或說謊讓對方糾正，以錯誤情報的方式，來試探對方的可疑之處，或許就能得知其背後不軌之事。也就是一般所說的「拿話套人」的方法，這個方法往往會讓對方一不留神就說出重要的事，有些不方便或不容易直接問的話，用這種技巧很容易就能套出來。

# 抓住細節問題，讓對方自露破綻

　　FBI在處理案件的時候，如果察覺到了對方說謊，通常都會先從細節入手，步步為營，抽絲剝繭，讓其主動露出破綻。這是因為，謊言屬於憑空捏造的東西，如果從細節下手，謊言是經不住推敲的。無論說謊者多麼聰明，都無法將細節編造得盡善盡美。只要你抓住細節不放，一步一步地去追問，對方很容易就露出破綻。

　　一名女士向FBI哭訴被搶劫的情況：「劫匪用毛巾堵住了我的嘴，把我綁在椅子上。用槍指著我，威脅著說，如果我敢報警，他就殺了我。我沒敢喊叫，就眼睜睜地看著他把我們家所有值錢的東西都拿走了。」

　　女士邊哭邊說，表情非常逼真。但是，FBI的直覺告訴她，這名女士在說謊。為了得知真相，他開始進行詢問。

　　「您沒有看清他的樣子是嗎？」

　　「他當時蒙著臉，我沒有看清楚。」

　　「他的身高是多少？」

　　「我沒細看，好像很矮吧……」

　　「當時你沒有把劫匪的蒙臉布給扯下來嗎？」

　　「他頭上套著黑色絲襪，我根本就扯不下來……」

　　「您剛才不是說他戴著帽子嗎？現在怎麼又說是絲襪了？」

　　「啊……可能是我記錯了，他沒有戴帽子。」

「搶劫過程一共進行了多長時間？」

「十幾分鐘吧……天哪，我感覺像是過了整整一個世紀。」女人掩面大哭。

「我很替您感到難過。不過，您能告訴我，劫匪是用哪隻手拿槍的呢？」

「應該是右手吧，對不起，劫匪長得太高了，我根本就沒敢正面看他。」

FBI長舒一口氣，笑著對這位女士說：「對不起，女士，剛才您說劫匪很矮，現在又說他長得很高，事實證明，您在撒謊。」

後來，FBI得知，這是一起詐領保險金事件。這名女士家裡非常窮，為了「致富」，她向朋友們借款，在三個保險公司裡買了巨額保險，希望透過偽造一起搶劫案來騙取巨額的保險金。沒想到，算盤落空，她的偽裝被FBI從細節上識破了。在一連串反覆的提問，她最終露出了破綻。

謊言編得再好，也不可能十全十美，毫無漏洞。當一個故事並不存在的時候，細節上必定會出現很多漏洞。無論說謊者考慮得多麼詳細，都難免會有一些疏忽的地方。因此，要想破解一個人的謊言，你就應該耐下心來，在探究事情的真相時，緊緊抓住某一個細節窮追不捨，過不了多長時間，對方的馬腳就會自動露出來。

在生活中，我們免不了要和形形色色的人打交道。有時候，別人可能會編造一些謊言，向你傳遞一些錯誤的資訊。遇到了這些情況之後，你就可以和辦案的FBI一樣，從細節入手，迫使說謊者露出破綻來。

劉先生是某家公司的人事部經理。這天，他正在面試一個應徵者。他對這名應徵者的整體表現還算滿意。但是又覺得這個應徵者在刻意地隱瞞一些資訊。為了弄明真相，劉先生就繼續和這位應徵者進一步聊一聊。

　　劉先生很自然地問道：「你能告訴我，在你的經歷當中，最自豪的一件事是什麼嗎？」

　　「最讓我感到自豪的事情？應該是考大學前幾個星期，我的右手骨折了。不過，我卻依然不放棄，最後考上了理想大學。」應徵者回答說。

　　「你應該是左手骨折吧？右手骨折，怎麼還能寫字呢？」

　　「是右手，不過我恢復得比較好。」

　　「既然是這樣的話，那你應該不是全部骨折，而是某個手指。你能告訴我是哪個手指嗎？」「您說得對，是某個手指。具體是哪一隻我已經忘記了。好像是小拇指」。

　　劉先生這時心裡已有了初步的判斷。他沒再深究，而是把話題轉移到了其他的事情上。他漫不經心地翻著簡歷，繼續問道：「你大學學的是經貿專業是吧？」

　　「是的。」

　　「你能告訴我當時都學了哪些課程嗎？」

　　「對不起，我剛才可能沒有說清楚。其實經貿專業並不是我的主修，而是輔修的。」

　　「哦，那你告訴我一下你都修哪些課程呢？根據我的判斷，你的學歷也有問題，對吧？」

　　那位應徵者變得緊張起來。結結巴巴地說：「對不起……我……我欺騙了您。不過，我真的很想得到這份工作……您……您能給我一次機會嗎？」

在這個故事中，當那位求職者的破綻被趙先生給點出來的時候，他的心理狀態就徹底崩解了，在確鑿的事實和強大的壓力面前，他不得不承認自己是在說謊。

**話術 POINT** ☆☆☆

☛當你抓住細節不放的時候，就在無形之中給說謊者施加了很大的心理壓力。由於他們在這方面沒有充足的準備，因此，回答起來就會漏洞百出，前言不搭後語。因此，當你想去判斷一個人是否在說謊的時候，完全可以從細節入手，不停地去追問、細問。過不了多久時間，從對方的話語中就會露出破綻，到了那個時候，就真相大白了。

# 23 讓對方從「局外人」變成「局內人」

很多人和對方進行心理戰的時候，往往會遇到這樣的人，他總是會以一種「事不關己」淡漠的態度對待你的一切問答，不論你問什麼，他都是以一副局外人的態度回應你，總是一副無可奉告的模樣，如同一隻刺蝟一樣，將自己完全包裹起來，讓你覺得無從下手，這時候，你不妨學一學FBI的手段，讓對方從「局外人」變成一個「局內人」。

FBI在審問嫌疑人的時候，類似的情況早已司空見慣，因為對方總是在說：「問我做什麼？」「這件事我真的不知道，也和我沒什麼關係？」對方總是宣稱自己毫不知情，自己和這個案件毫無關聯，然而FBI的探員們並沒有就此放棄對他的追問。

男子總是不停地問：「為什麼找我來這裡？」FBI探員就會滿臉微笑地反問他：「你覺得我們為什麼要找你來這裡？」

「我怎麼會知道，是你們讓我來的。」男子有些不厭其煩地回答。

「那和傑西（本案的被害者）有關，你們應該去找和他有關的人。」

「是的，沒錯。」探員仍然滿臉笑意地點了點頭。

「那麼，你們找我來幹嘛，希望能夠從我這裡得到蛛絲馬跡，讓我給你們提供一些線索嗎？」

「當然，你很聰明嘛！」

「你們是覺得我瞭解其中的一些情況嗎？」

「當然，否則我們也不會勞你大駕。」探員堅定地回答。

其實很多嫌疑人開始總會這麼說，他們看似滿腹狐疑，並不知道為什麼會將自己帶來問話，不管他們是真的不清楚這件事的來龍去脈還是假裝疑惑想將自己與這個案件撇清關係，我們都可以利用對方的好奇心試探對方。

比如，當對方問「為什麼找我來這裡」時，通常內心都在想盡力和這件事情撇清關係，這時候探員們往往都會用猜測的方式回答：「我們接下來玩個遊戲如何，我給你二十次提問的機會，或許從這些問題中你能夠找到我們請你來的原因。」這樣就會讓對方自己主動尋找被叫來審訊的原因。有一個非常奇怪的現象，那些真正和案件無關的人往往不知道如何提出問題，只有和案件有著密切關係的人才會知道從哪裡問起。比如上例中的那位犯罪嫌疑人，從他提出的問題中就能夠判斷出來他對於案件是略知一二的。

練習
Tips

FBI利用誘惑對方的方法套出對方的話，就是讓對方感覺到他是和這件事情有著千絲萬縷的關係，而並非和他自己無關，讓他明白他對於整個事件並不是一個旁觀者，而是在其中產生舉足輕重的作用，這樣才能夠讓對方和盤托出，將自己所知所想，鉅細無遺地向警方坦白。

在這種談話中，你要佔據優勢和主導地位，發揮主導性，逐步地將對方引導進他將要扮演的角色中，接下來，對方就能夠按照你的想法一步步配合你了。

一次，美國FBI總部將一位極其年輕的主管調到了紐約分局，由於他比較年輕，資歷淺，因此很多人都懷疑他是否具備足夠的能力來擔任這個重任。可是他在就職演說上說了這樣的一句話：「像我這樣一個年輕人所知道的是那麼有限，所以需要依賴我們資深探員的地方又是那麼的多。」就是這短短的三言兩語，讓很多質疑他能力的人打消了顧慮，因為很多人在這種情況下大都表現得極為強勢，或者是透過各種行動來展示自己的能力和才幹，可是身為一名真正的領導者，需要的並不是在部下面前自吹自擂，而是應當統合和鼓舞大家的積極性，讓所有人都參與到事件中來，讓他們感覺「自己並非置身事外」，並以此來尋求他們的幫助，這樣才能夠讓對方暢所欲言地表達出自己的想法。

　　其實這就好像是排演一部電影，不管他是撐起整部電影的主角還是默默無聞的配角，還是一般的路人甲、路人乙，不管他來自哪個地方，只要他穿上了自己的戲服，進入了整部戲的角色，即便角色再小，也是整部電影的一部分，對於影片的整體水準有著舉足輕重的影響，那麼在開拍影片之前，導演應該要做的就是將所有的演員帶入到角色中去，讓他們從一個觀眾，從一個局外人變成局內人，從而激發出他們內在的熱情和潛能。

**話術 POINT**

👉「你要知道，我對你有足夠的信任，所以，我有件事想要找你商量一下，聽一下你的意見。」「你的支持對我來說很重要。」像這些對話，不僅是表達出了你對對方的認可，同樣是將其帶入角色的一種非常有效的手段，在生活中如果我們能夠將這個辦法有效運用，相信對你在心理戰取勝中是大有裨益的。

# 巧用激將法，誘導對方說出實話

俗話說：「勸將不如激將」，激將法是在競爭中運用得非常普遍的一種方法。因為人通常都有不服輸的逆反心理，越是被否定，越要證明自己；越是受壓迫，越要反抗。所謂激將法是指運用刺激性的話逼迫對方跳入戰場的一種方法。通常來說，是透過貶低他人，說反話去鼓動對方做事的一種手段，這是利用對方的自尊心和逆反心理，以刺激對方的方式激怒他的方法，透過激怒對方，激發對方的潛能，往往能夠得到意想不到的說服效果。

FBI調查人員就善於運用激將法來達到自己的目的。

一次，FBI鎖定了一樁殺人分屍案關鍵的犯罪嫌疑人，但還沒有確鑿的證據，因此無法將其定罪。而且無論FBI怎樣對其進行審訊，犯罪嫌疑人總是一口咬定自己是清白的。FBI的調查人員無比焦急，明明知道是對方做的，可是苦於拿不出證據來，於是只能夠重新對其進行調查，仔細審查案件中的每一個細節，之後又從犯罪嫌疑人身邊的親人以及朋友那裡詢問一切細節，希望能夠多少掌握對方的心理狀況。

後來，在一次審訊中，犯罪嫌疑人仍舊一口咬定自己是無辜的，申辯說自己並沒有殺人，更沒有分屍，在萬般無奈之下，FBI的調查人員也失去了耐心，就大聲對其喝斥道：「你就是個沒用的懦夫，敢做不敢當，難怪你身邊的人都說你是個無能的人，說你沒有膽量，如果你真的做出殺

人的行為我會對你刮目相看，不過要是真不是你做的……」

不等FBI調查人員話說完，犯罪嫌疑人已經激動得不能克制了，他發瘋似地揮舞著自己的雙臂，大聲說：「沒錯，是我！他說我沒骨氣，他們都說我沒骨氣，你也敢說我沒骨氣、懦夫！那天我就是想要向他證明我是多麼有骨氣的一個人，所以我把他殺了，我要讓他知道，到底誰才是懦夫！」情緒發洩之後，犯罪嫌疑人才突然意識到自己已經招認了一切，然而為時已晚了。

就這樣，FBI的調查人員透過激將法，不費吹灰之力就讓犯罪嫌疑人老實地交代了自己的罪行。

我國最著名的運用激將法的實例當屬諸葛亮激周瑜了。當時，曹操要大舉進攻劉備，劉備勢單力薄，以一己之力難以抵擋曹操的大軍，於是便派出諸葛亮，讓其前去說服孫權以連吳抗魏。可當時的吳國都督周瑜出於自身利益的考慮，想要隔岸觀火，袖手旁觀，並不想參與這場戰爭，諸葛亮費盡口舌也難以將其說服，無奈之下，諸葛亮譏諷吳國空有數萬大軍，卻都做了縮頭烏龜，這一激，讓周瑜惱羞成怒，決心要與曹操一較高下，而諸葛亮也達到了他的目的。

練習
Tips

其實在現實生活中我們也可以運用激將法來達到自己的目的。那麼，運用激將法都要注意哪些方面呢？以下三條原則可供我們參考。

# ❶ 因人而異原則

運用激將法的時候，要注意要刺激的對象，根據不同人的性格特徵採取不同的方法，對症下藥，不可濫用，否則可能會收到反效果。

# ❷ 把握時機原則

運用激將法的時候還要注意時機的掌握，要運用得恰到好處，如果出言過早，時機不成熟，會在很大程度上打擊對方的自信心，而出言太遲的話，又難以發揮應有的效果。

# ❸ 不要過猶不及，也不要隔靴搔癢

運用激將法的時候，不能太過，也不能只是隔靴搔癢，如果出言太過，不僅達不到目的，還可能會讓對方做出脫軌失序的舉動，而火候不夠也難以觸及對方心理，同樣達不到想要的效果。

---

## 話術 POINT

👉激將法是一種非常有效的口才技巧，在運用的時候要看清楚對方，分析當時的環境以及各種條件，不能夠隨便濫用，同時也要掌握好分寸，說話的語氣也不能夠過於平淡，否則是起不了刺激效果，但如果言語過於尖酸苛薄，就會讓對方反感，同時也不能夠操之過急，容易欲速而不達，而節奏過慢的話則難以激起對方的自尊心，也難以達到期望的目的。

# 「二選一」問法，操縱你要的答案

我們在遇到一些問題需要向別人詢問答案的時候，方式不能太直接，因為那樣比較容易讓對方產生抵觸心理，同時，也不能給對方太多選擇的餘地，因為那樣的話，對方很可能會舉棋不定，無所適從。要想得到正確的答案，我們就應該多多採用「二選一」的提問方式來套出答案。

FBI內部培訓講義裡提到，「二選一」是一種非常有效的提問技巧，因為這種方式能夠在很短的時間之內讓自己掌握主導權，使對方走進你佈好的局裡。比如，當一個探員想約見某一位市民的時候，絕不會說「您什麼時候有時間」，而是會問對方「您明天有空嗎？」這樣一來，對方哪怕明天沒有時間，也會在下意識裡思考一下什麼時候有空，然後再給你一個明確的答覆。

其實，在現實生活中，很多人都和FBI一樣，擅長用「二選一」的方式來套出答案，達到自己的目的。

有一位超級媒婆很會做媒。無論是男是女，只要是有人有結婚的意願，她都有百分之百的把握能促成婚事。為什麼這個媒婆能有如此大的能耐呢？關鍵在於她的提問方式。她說道：「當一個人對婚姻大事舉棋不定的時候，你不能問他什麼時候考慮婚事，也不能問他為什麼到現在也不找個對象，而是要直接了當地問他：『是自由戀愛的方式好呢？還是相親的方式好』，如果他做了選擇，那就表示事情已經成功了一半，然後再談結

婚的事就很好談了。」

　　在婚姻大事上，有很多人往往會因為對自己想要選擇的理想伴侶不夠具體而舉棋不定，不知道如何選擇。為了掩飾這種不確定心理，他們往往會尋找這樣或是那樣的理由。因此，這位聰明的媒婆通常都不會問他為什麼不找對象的問題，而是以「二選一」的方式問他是選擇什麼樣的戀愛方式。如此一來，就會使他產生「是否結婚的問題已經解決了」的錯覺，從而順著你的思路做出選擇。

　　在平常的生活中，如果你想操縱對方的答案，你就不能這樣問：「你想要什麼」，「你喜歡什麼」而是應該為他提供兩種答案來供其選擇。只有這樣才能有效地將他引入到一個自己設定的答案當中。

　　舉例來說，店員在接待顧客的時候，通常會問顧客「您喜歡什麼款式的皮鞋」，這種方式看似比較細心，實際上卻給客戶出了難題，對方一時間也不可能給你一個清晰的答案。如果按照FBI的提問方式，就應該說：「先生，讓我來為您介紹這個鞋款美觀大方，穿起來很有質感；而另外這種鞋款很耐穿，最適合在日常生活中穿。」當你這樣說時，客戶就會認真考慮一下哪一個款式更適合自己。無論他做出什麼樣的回答，都會落入你設計的「圈套」之中。

　　「二選一」的提問方式適用於很多場合。比如，一位銀行的理專在建議顧客開戶投資基金的時候，往往不會問他要不要投資基金，而是直接問他：「請問您是要選擇定期定額的方式？還是要單筆金額的呢？一位聰明的家長，絕不會對不想學習的孩子說什麼時候做作業，而是會問：「你今天是要復習功課，還是預習功課？」

　　「二選一」的方法能夠操縱你要的答案，讓對方按照自己的要求做事，同時也在表像上給對方一個選擇的機會，讓對方感覺到結果不是你硬

強加給他的，而是他自己選擇的。這樣也就同時兼顧到對方的自尊心和虛榮心，從而讓對方更好地與你進行合作，最終來達成協議。

在向別人提問問題的時候，我們不能簡單地問對方「是還是不是」，「要還是不要」，除非你有充足的把握讓對方回答「是」或者是「要」。

「二選一」提問方式只是一個規則，並沒有特定的形式，使用這種方法進行詢問的時候，應該根據不同的情況而選擇不同的提問語言，比如：

「您比較喜歡三月一日，還是三月五日交貨？」

「發票要寄給你，還是你的助理？」

「你要用信用卡，還是現金付款？」

「你要紅色的，還是藍色的汽車？」

「你要用貨運，還是空運的？」

當你使用「二選一」的方法問問題的時候，相信無論對方選擇哪個答案，都能夠滿足你的要求。

當然，使用「二選一」提問方式的時候，也應該盡量把握好一定的分寸，注意語氣及用語，思考一下所提供兩種答案的先後順序。如果你沒有事先思考周全，只是機械地以這種方式進行提問，很可能會碰一鼻子灰。

☛「二選其一」的問話術，能夠在很短的時間之內讓說話方掌握主導權，操縱對方給出你要的答案。尤其是面對那些猶豫不決、拿不定主意的人，甚為有效。

此法也最常被應用在銷售賣場中，當店員一洞察到客戶有購買意向，卻又猶豫不決、拿不定主意時，店員或業務員應立即抓住時機，採用二選一幫顧客出主意的話術技巧。這時沒有必要詢問客戶買不買，而是在假設他要買的前提下，問客戶一個選擇性的問題。如：「要紅色的，還是白色的？」、「您要刷卡，還是付現呢？」透過模糊顧客還停留在「買或不買」的焦點，直接幫顧客拿主意，讓他下決心購買了。

# 26 切斷後路，迫使對方說出實情

　　有著豐富心理戰經驗的高手在和很多對手交鋒之後，往往會得出這樣一個經驗：很多時候，想要在心理對戰中佔據優勢並不難，因為你只要斬斷對方的後路，就能夠讓對方無路可走，束手就擒，進而促使對方坦承事實，或者是按照你的意願行動。

　　這就告訴攻心者一個道理，如果你能夠掌握很多對方的底細和一手資料就能夠胸有成竹地向對方發起攻擊。但是如果你對於對方的事實不瞭解的話，即便掌握再多的心理戰術，滔滔不絕地向對方施壓，也難以攻破他的心理防線，更不能讓對手就範。一般來說，相對於長篇大論而言，人們更願意相信事實，正所謂事實勝於雄辯，而這就和攻心高手所採用的切斷對方後路的辦法極為相似。

　　FBI對這種審訊方法掌握得遊刃有餘，在他們看來，如果你在進攻對手時，事先切斷對方的後路，就能夠在很大程度上震懾對方，因為你已經掌握了充足的證據，即便對方如何巧舌如簧，在如鐵的事實面前，他們的狡辯也是站不住腳的，這時候他就會暴露出其虛弱的內心，你也就能夠順勢而入，勢如破竹地攻陷他的心理陣地了。

　　FBI在審訊嫌疑人的過程中，會精心營造一種氛圍。比如他們會在審訊室的佈置上花費很大的心思，而這種氛圍會讓嫌疑人坐立難安，有如坐針氈的感覺，另外，審訊現場一定要佈置一些帶有神秘性色彩的燈光。而且，FBI在審訊嫌疑人之前，還會準備大量的資料，之後將這些資料擺放在嫌疑人的面前，其實這些資料很多並不是他們正在調查的案子的資料，可是一旦他們在桌子上放了一堆資料，就會讓對方產生巨大的壓力，他們會認為FBI已經將他們的行徑完全掌握在手中了，而這些措施就產生了切斷對方後路的作用，讓他即使想要辯駁也會覺得沒有意義，而打消念頭。

　　此外，FBI還會在牆壁的裝飾上精心佈置一番，他們會找幾張資料圖片，而後將其掛在審訊室的牆上，特別強調這次調查的正式性和規模性，這會告訴對方自己已經掌握了對方的資料，任他再怎麼狡辯也是無濟於事的，如此一來，FBI就更容易達到進攻他人內心的目的。

　　在FBI任職的一位名叫約翰·道格拉斯的人曾說，他在對犯人審訊的時候，會在牆上掛上一張圖示，而圖示上顯示的內容就是各種犯罪行為所對應的罪名以及應當受到的懲罰，在一般人看來，這種做法並沒有多少深遠的意義，可是這種做法卻能夠給嫌疑人製造巨大的心理壓力，進而提醒嫌疑人不要和FBI展開過多的周旋，因為這會加重他的罪行，如此一來，在審訊還沒有開始的時候，嫌疑人心中已經有些慌張了，他們此時想做的事情就是坦白自己的行為，進而爭取從輕發落，而FBI在這一過程中也有效確立了自己在嫌疑人心中的威信，這也就增加了FBI在攻心戰中的勝算。

可以說，FBI探員在多年的偵察工作中，採用「切斷對手後路」的辦法抓獲的嫌疑人並非少數。從FBI的這些經驗我們能夠知道，在和對方進行攻心戰的時候，你要想辦法切斷對方後路，而要達到這個目的，最主要的就是讓對手清楚地瞭解到他目前的處境，你可以透過各種佈置和材料讓對方產生一種心虛的感覺，讓他意識到，你已經對他的行為瞭若指掌了，他已無逃脫的機會，而對方的任何藉口和狡辯都是徒勞的，只有盡快地承認事實才是最好的辦法。

而在實際的心理攻防戰當中，切斷對方的後路這一做法是一種非常重要而且有效的策略，他能夠讓對方越來越心虛，會從剛開始的強硬態度逐漸變得軟弱，逐漸被你的氣勢所控制，接下來就會一步步後退，直到毫無退路為止。

**話術 POINT**

☝在雙方一來一往的心理攻防戰當中，讓對方看到自己即將承受的後果、最後的處境和你已經掌握的資料是非常重要的。因為任何人在鐵的事實面前都會六神無主，這種辦法會讓你在攻心戰中對對方產生強大的震懾作用，進而找到他最怕的地方，切斷他的後路，將其逼到「牆角」，使之進退兩難，無法逃脫，只得屈服，他會乖乖地聽你調遣，為你辦事，任你擺佈。

# 03

# FBI教你打動人心，
# 贏取信任

「防人之心不可無」是大家普遍抱持的心態，所以在陌生人面前，我們從來不輕易袒露自己的心聲，不願意表達個人真實的想法。因此，在與人溝通、交流時，就經常會遇到一些冷冰冰的面孔和應付似的語句。為了化解他人的防備心，贏得對方的信任，我們就應該和FBI一樣，運用有效的方法來打動人心。

Discourse psychological techniques

FBI

# 27 以親和力來贏取對方的信任

一位房仲業務員分享他的銷售經驗談時說：「我進這個行業不久，雖然自己的專業知識還不夠，但只要展現親和力全力接待，客人還是會認同信任。要先建立他們對你的信任感，才能讓他們願意繼續聽你介紹產品。」

親和力是指「在人與人相處時所表現的親近行為的能力」。我們在與人交往當中，通常都會因為和交談對象彼此之間心理上存在著共同或者是近似之處而產生親切感。一旦產生了親切感之後，就會對對方產生極大的好感和信任。一旦對方提出什麼要求，我們就會盡量去滿足，如果對方提出一些問題，我們也就會知無不言言無不盡。

人類普遍都渴望擁有「親和力」，因為這是渴望與他人親近、和諧相處的一種心理狀態，也是贏得別人信任的重要方式。但是，究竟怎樣做，才能讓說話具有親和力，贏得他人的信賴呢？我們不妨和FBI學習一下。

FBI綜合多年和人打交道的經驗，為我們提供了如下幾種方法：

# ❶ 一定要配合對方的感受

每個人都有著獨特的方式來感受和感知這個世界，大體可以分視覺、聽覺、觸覺三大類。採取不同方式的人，傾向使用的感官器官也會不同。我們應該根據對方不同的感受方式來配合。

通常情況下，喜歡用視覺感受世界的人，比較喜歡快節奏，他們說話速度比較快，思考速度比較迅速，還喜歡閱讀圖片，行動能力都比較強；喜歡用痛覺感受世界的人，喜歡四平八穩、有秩序的生活，在說話上常常是不疾不徐，不喜歡和別人爭辯，更不會搶話，喜歡聆聽，在行動能力上則表現得稍微弱一些。喜歡用觸覺感受世界的人，比較重視自身體驗，注重自我感受，在為人處事上，喜歡以自我為中心，在說話上，速度也相對較慢。他們也喜歡傾聽，不過這種傾聽大部分情況下是「沉默的反抗」，是他們對交談話題不感興趣的另一種表達。

瞭解了這些之後，我們在和別人交談時，就可以先觀察一下對方是以什麼方式來感受世界，然後再迎合他的特性來說出使其感興趣的話，以此來增加自己的親和力，增進彼此間的交情，贏得信任感。

比如，一個人的說話速度非常快，就可判定他是視覺類型的人，那麼和他談話的時候就要多強調一下行動與成果。如果某人說話時喜歡分成一、二、三，就可以斷定他是觸覺類型的人，和他們交談的時候就要多談一下對某事物的具體感受。如果你在沒有瞭解對方是什麼類型的人之前就開口亂說的話，很可能會讓雙方的交談尷尬不斷，更難取得對方的信任。

## ❷配合對方的興趣和經歷

利用物以類聚的原理來增進彼此間的親和力的也是一種有效方法，就是找出及強調我們與對方之間的類似經歷、行為或想法。因此，我們在工作生活中，就可以多觀察一下對方的小細節，找到能與他們相似的地方，以此來拉近彼此的距離，獲得對方的信任。

比如，你登門拜訪一位客戶，進門之後，看到陽臺上有很多盆栽，就可以問：「您對盆栽很感興趣吧？」看到象棋、圖書、高爾夫球桿等，也可以以此做為話題。當然，如果你一時間找不到可以提供線索的東西，你也可以去關心一下對方的家庭成員，說一些「令郎上學了沒？」「這是您小孩的照片嗎？好可愛哦」之類的話，以此來增加親和力，得到他對你的好感。

## ❸使用「我也」的句子

如果對方的經歷或見解中有跟你類似的地方，你就可以多使用一些具有神奇力量的短話，它就是「我也……」這樣一來，他就會很自然地把你看成與他有共同語言的人，你們兩人的距離就能更拉近一些。

比如：「啊，您去過北海道是嗎？我也去過呢！就是今年六月的事兒，您是什麼時候去過的呢？」「您同意服務行業最重要的是細心是吧，其實我也是這麼想的。因為只有細心才能表現出對客戶的尊重，才能獲得客戶的好感」……」

當你擁有了這些技能之後，就能和FBI一樣說話具有親和力，輕鬆取得他人的好感和信任。


總而言之，親和力之所以能夠產生如此大的功能，是因為其本質上是一種愛的情感，只有發自內心地去喜歡別人，才能夠真正地親近對方，關

心對方，不至於落下一個逢場作戲的負面評價，最終獲得對方的認同和信任。

話術
POINT

☞想要讓自己變得有親和力其實很簡單，首先，對待生活一定要有一個樂觀的態度，見人要微笑。其次，和人交流的時候要多運用讚美及幽默，注意說話不要傷人，避免使用刺耳的言詞，要有禮貌，要先想到對方，以他為主，並適時迎合對方的喜好。只要你對別人是真心的，那麼你就可以讓對方感到溫暖，相處起來舒服、自然，覺得你很有親和力，人緣也會更好。

# 28 要先信任對方，對方才會更信任你

　　許多人會在得不到他人的信任的時候大發牢騷：「我已經好話說盡，能說的我都說了，為什麼他依然不相信我？」，「這個人真是不可理喻，我想盡了方法也不能從他嘴裡問到實情。」……其實，問題並沒有出現在別人的身上，關鍵的原因還是在他們自己。當他們發牢騷之前，應該想一下這個問題：「你一心想著博取他人的信任，是不是先信任他們了呢？」如果你根本不信任對方，千方百計地掩飾自己的企圖，憑什麼要別人去信任你呢？

　　FBI內部培訓講義裡提到，要想讓對方信任你，首先就應該表達一下你對對方的信任。信任，是架設在人心的橋樑，是溝通人心的連結線。我們要想盡快獲得他人的信任，贏得他人的友誼，就應該記住「欲取之，先予之」。如果你不願意付出，只想索取，那麼，最終的結果必定是失敗。

　　信任是一扇由內而外打開的大門，它無法由別人從外面打開。我們無法要求別人信任自己，因為「我」是一切的根源，一切都是因為自己首先要值得別人信任。

那麼，究竟怎樣表達你對他人的信任呢？請參考如下幾種方法：

## ❶真實

在和別人交談的時候，必須保證所傳遞資訊的真實和表情的真誠。任何一句不符合事實的話，一個虛假、虛偽乃至不自然的表情，都會成為別人不信任自己的理由。

## ❷坦誠

在談話中，不能有、也不能讓對方感覺到你有值得懷疑的目的與言行。如果在交談之中因為口誤的原因讓對方對你產生誤解，你也不要生氣，更不能將錯就錯，而是要及時糾正錯誤，以坦誠的心態去和對方溝通。只要是你真正做到了坦誠，對方對你的信任就不會打折。

## ❸放下身段

作為叱吒風雲的大人物，FBI比誰都有擺架子的資格。但是，無論是在工作還是生活當中，他們很少會端起架子說話，也很少會用自己特殊的身分去壓制別人。無論面對什麼樣的人，他們都能放下身段，以一種平等的心態去和他們交流溝通。因為他們知道，沒有一個人願意和不苟言笑、總是一副高高在上的人聊天，更沒有人願意信任這種愛擺架子的人。

## ❹把話說得親切點

表達對別人的信任，不僅需要傳遞真實的資訊，還需要在話語中帶有親切的感情。畢竟，人都是感情動物，誰也不願意和冷冰冰的人多說一句話，也不願意和一個冷血的人建立友誼。

## ❺多站在對方的立場上說話

當FBI探員們遇到不肯合作的對手，很少會發脾氣，也很少會訓斥對方的冥頑不靈，更不會轉身離開。通常情況下，他們會心平氣和地向對方講道理，站在對方的立場上去思考問題，分析問題。比如，面對因擔心受到報復而不肯提供情報的市民，他們就會以一種親切的口吻說：「我很理解你，你並沒有錯，如果我是你的話，也可能會這樣做。」然後再表態：「不過，你放心，我們一定會保證你的安全，絕不會讓犯罪份子得逞。」這樣一來，就會讓彼此的關係拉近一步，取得對方的信任。

## ❻適當地說一些玩笑話

FBI告訴我們，適當地開個小玩笑不僅能夠緩解緊張的氣氛，還發揮著傳遞信任的作用。畢竟，陌生人之間都有提防心理，有疏遠感，交談的時候多是一本正經，不可能會開玩笑，只有相互信任的人之間才可能會說出這種親密的話。因此，當你向對方說一些玩笑話的時候，就是在告訴他你已經把他當成了自己人，那麼，對方自然就會投桃報李，表達對你的信任。

當然，由於彼此的關係畢竟不太熟，我們在開玩笑的時候就應該掌握一下火候，注意一下分寸，玩笑不能開得過太過火，否則的話，結果就會適得其反。

👉人與人之間的交往、交談，貴在以心換心，坦白、真誠，表露真心。只有做到了這一點，才能讓對方感受到你的信任，從而卸下猜疑、戒備心理，把你視為知心朋友，樂意接受你的一切。每一個個人的內心深處都有內隱閉鎖的一面，同時，又有希望獲得他人的理解和信任的一面。然而，開放卻是有前提條件的，那就是向自己信得過的人開放。只有以誠待人，信任他人，才能打動對方，獲得他的信任。

# 29 換位思考，讓對方更信服於你

　　有句俗話說：「害人之心不可有，防人之心不可無」。面對錯綜複雜的社會環境和不知底細的溝通對象，許多人就會下意識地產生一種抗拒心理和防範意識。從這一點上來說，想要取得別人的信任是一件非常不容易的事。

　　一位FBI探員曾說，要想獲得一個人的信任其實並不難，只需多替對方著想，站在對方的立場上去說話就可以了。我們在日常生活中，一旦和別人產生了誤會發生了分歧，就會憤憤不平地想：「你怎麼會這樣對我？」這是很正常的反應。畢竟，很多人在和別人交往的時候，總是站在自己的立場上，考量的都是自己的利益和需求。一旦別人不能滿足自己利益和需求的時候，就會產生抱怨的情緒和心理。

　　誠然，將心比心、換位思考和其他道理一樣，都是說起來容易做起來難。但是，只要是我們心中存在了這樣的觀念，在和別人發生衝突的時候，自己先踩一下剎車，先考慮一下對方的感受的話，就能夠做到了。

　　有些人認為，換位思考是對自己的背叛，處處考慮別人的感受，就會損害到自己的利益。但這是錯誤的觀念。其實，當你能夠站在對方的立場上說話的時候，就能夠感化他，同時，他也會做出相應的讓步。這樣一來，你得到的遠比失去的東西多。既然如此，我們又何樂而不為呢？

　　一次，FBI探員菲爾德和他的朋友一起去餐廳用餐。服務員一點兒都

不親切，面無表情，說話口氣也是硬邦邦的。朋友不高興地向那服務員抱怨，還說要去投訴她。菲爾德趕緊攔住了他，然後非常客氣地向那位服務員點了菜之後就讓她走了。

朋友不解地問：「我沒想到身為FBI探員的你竟然這麼窩囊，她的態度這麼差，你竟然不生氣，真愧對你的身分。」

菲爾德說：「她的態度是不對，但總會事出有因。也許她失戀了，也許她的家裡出了什麼事兒，也許她剛剛被領班罵了一頓，總之，我們應該原諒她。」

朋友依然不能釋懷：「不管什麼理由，也不能影響工作吧？這是她的錯，我們有權力去投訴她。」

「這當然是她的錯，但是我們為了這一點小事就去投訴她，就是我們的錯了。」

朋友嘲笑道：「沒想到你這個讓罪犯聞風喪膽的FBI探員，竟然有一顆上帝的心。」

菲爾德笑笑：「這也是為什麼我能成為著名的探員而你卻不能的原因。」

過多地以自我為中心去考慮問題與交涉，根本就不可能達到理想的溝通效果，反而還會讓矛盾越來越尖銳。要想獲得讓雙方都滿意的結果，就應該學會換位思考。換句話說，就是在說話的時候不要太以自我為中心，而是要多講一些和對方切身利益息息相關的話。因為這些話能夠表達出你對他的關心，他在感動之餘，自然就會放下心中的盔甲，對你表示好感與信任。

比如，面對一個手持兇器正在搶劫，但還沒有造成嚴重後果的罪犯，FBI在勸說他放棄行動的時候，很少會站在道德層次上對他說教，說

他恃強凌弱，喪失人性，十惡不赦，將會得到法律的懲罰，而是站在對方的立場上進行勸說：「我的朋友，請不要激動。你是不是在生活上遇到什麼難處了？如果你願意的話，不妨告訴我，我一定會盡力幫助你。你要知道，搶劫是很不明智的，按照法律規定，如果搶劫成功，會被判三～五年的有期徒刑；如果造成嚴重後果的話，很可能會終身監禁。現在，你已經沒有辦法逃出警方的包圍圈，唯一的選擇就是放下武器，停止你的行動。只有這樣，以後你才能繼續做一個自由人……」

很明顯地，後者的處理方式要比前一種方式更有效。因為第一種方式注重的是社會影響，道德素質，對行兇者無法形成有效的約束作用，反而還會激起對方更大的憤怒與狂躁，堅定他搶劫的決心；後一種勸說方式則完全站在對方的利益上去看問題，每一句話都表達了對行兇者的關心。搶劫者在聽了這些像來自朋友般的忠告，而備受感動，也就心甘情願地停止行動，繳械投降了。

在實際生活中，我們希望別人信任自己，按照自己的意願去做事，就應該向FBI學習一下，多替對方設想，多說一些為對方著想的話。《聖經》中有一句話：「你待人當如人之待你。」FBI認為這是為人處世的「黃金規則」。這就是說，別人對待你的方式，是由你對待別人的方式決定的。如果你處處以自我為中心去判斷是非、苛求別人的話，就永遠也別指望別人會給你好臉色，也別指望別人會配合你的工作。如果你能夠站在別人的立場上去想問題的話，對方就會由衷地佩服你，更會主動配合你的工作。

所以，只要能將心比心，就能做到多為對方著想，當然，還需要講究一定的方法，掌握一定的原則。那麼，究竟該怎麼做呢？FBI提出了如下幾點建議：

## ❶ 留給別人表達想法的時間

將心比心並不是靠憑空臆想就能做好的，畢竟，你不是對方，根本就不可能完全瞭解對方的想法和感受。要想真正站在對方的立場上想問題，看事情，就應該給對方足夠的表達時間。

## ❷ 弄清楚對方究竟需要什麼

FBI認為，每個人的切身利益都是不盡相同的，不同的人有著不同的關注點和不同的需求。想博得一個人的信任，就應該明白對方喜歡什麼，需要什麼，真正的關注點是什麼。比如，面對一個有些清高而又珍惜名聲的溝通對象，你就應該投其所好，以對方的利益點出發點，說一些能提升他聲望、知名度的內容，而不能誘之以利，對其許諾金錢上的回報。如果你那樣做的話，就不是在替他著想，而是在侮辱他，如此一來，你非但不能取得他的信任，反而還會激怒他。

## ❸ 注意語氣和措辭

如果對方說的是氣話，沒有必要當真，但也沒必要較勁。在表達對對方著想的意見時，語氣要親切熱情，措辭要委婉，只有這樣才能讓對方瞭解到你是在真正為他著想。反之，如果你用較高的聲音，擺出一副上對下的姿態，說一些生硬的詞語，就很難引起對方的共鳴。即便你是在為對方爭取利益，但他看來這卻是一種施捨。當他們感覺到你是在施捨的時候，心裡就會非常不痛快，還有可能情緒失控，變得更難溝通。

# ❹以事實為依據講道理

　　為對方著想並不是空口無憑地給對方許下一個美麗卻無法實現的諾言，也不是憑空捏造一些根本就不存在的事實，更不是用三寸不爛之舌去鼓動對方的欲望。如果你這樣想的話就錯了，須知，別人並不是傻子，當你費盡心力地表演並自鳴得意的時候，卻失去了最後一次取得他人信任的機會。或許，對方是一個天真的人，會輕易地相信你所說的每一句話，但是，日後你的許諾一旦無法實現，謊言被揭穿，那麼，對方就會認為你是一個口是心非的小人，舌巧如簧的騙子，漸漸與你疏遠，甚至會採取猛烈的方式報復你。一旦出現了這種情況，無論你做什麼樣的努力，都沒有用了。

---

**話術 POINT**

　　☛有一位FBI說道：「肯替別人想，是第一等的學問。」在溝通時永遠不要把自己放在第一位置，而是要站在對方的角度上去思考問題，這樣不但能夠讓問題得到更好的解決，還可以省去許多煩惱，消除抱怨的情緒。

　　換位思考是解決問題的有效途徑，是化解矛盾的利器，因為這種溝通模式，能夠設身處地地考慮到對方的利益所在，盡最大限度地為對方著想，可以迅速找到兩者之間的最大公約數，達到雙贏溝通。

　　在實際生活當中，我們難免會和別人在某些事情的認識上產生一些分歧，為了妥善處理分歧，就需要進行及時的溝通。為了讓溝通產生更好的效果，你就不能過多地去要求別人什麼，抱怨別人什麼，而是要和FBI一樣，將心比心考慮一下對方的處境和利益，就能贏取對方的好感，得到他人的信任。

# 30 抓住對方心理，以情動人，以理服人

　　為FBI進行犯罪心理研究的專家丹尼爾・戈爾說「實戰中雖然有很多方法可以與對手展開交鋒，但有一種方法卻是不可或缺的，那就是『曉之以理、動之以情』。」這是他在經過多年的觀察和總結之後得出的結論。在他看來，這種方法能夠以柔克剛，可以有效地打動對方，贏得對方的信任。

　　FBI內部培訓講義中指出，無論是面對知情人還是犯罪份子，只有獲得對方的信任，調查才有可能順利進行下去。由於對方都或多或少有一些防備心，要想突破他的防衛心理，就應該以情誘之，以理服之。

　　在獲得他人信任上，探員們深諳動之以情曉之以理之道。比如，FBI對一名犯罪嫌疑人進行審訊的時候，按照常規的審訊方法來說，應該這樣說：「你要老老實實交代出你的犯罪經過和犯罪同夥，否則的話，罪上加罪。」這種審訊方式多多少少能對犯罪嫌疑人發揮一些震懾作用，但結果卻未必樂觀。當犯罪嫌疑人聽到這些話的時候，會因為FBI的恫嚇而產生厭惡情緒，而拒絕配合。他們的反應不是極力爭辯，就是沉默不語。無論採取哪一種形式，都會影響到案子的調查。

　　然而，經驗豐富的FBI並不會採用這種方法，他們會對犯罪嫌疑人這樣說：「我們看了你的資料，知道你是一名醫術高明的醫生，也瞭解你的家庭情況，你有一位賢妻和兩名可愛的孩子，家庭幸福美滿。從目前的情

況來看，我們懷疑你和一件毒品販運案有關。如果你想證明你自己是清白的，你就應該親口告訴我們整件事情的經過。同時，我們也非常願意幫助你，因為我們不希望看到你心愛的妻子失去了丈夫，可愛的孩子沒有了父親。」犯罪嫌疑人聽到了這些話之後，自然會有共鳴而積極配合，老實說出經過。因為FBI是完全站在他的角度上去看問題的，他也會去設想一下家人的感受，因此也就自然而然地放棄反抗情緒，爭取將功贖罪。

情感，是人們活動的一種動力，一切活動的完成都需要有情感。人的行為，在許多情況下，不是理智造成的，而是情感造成的，或者說是由外界的思想或建議激發你的情感造成的。

在生活中，我們經常會為了某些事情而對別人進行說服。在說服的時候，有些人會因為理直而氣壯，而用嚴肅認真、刻板的方式去對人進行說教式勸說。但每個人都有自尊心，當我們用比較嚴肅的口吻進行勸說的時候，在對方看來，很可能會認為你在強迫他接受，那麼我們的勸說就會成為強制性灌輸，會增加對方的不信任。一旦不信任感加重，就達不到我們要的目的了。

有一位剛剛上任的經理在就職大會上對全體員工們說：「我能夠成為這個部門的經理，是打從心底感到高興！但是這個經理並不好當，畢竟壓力大，任務重。我想在座諸位心裡也會想，這個新來的經理能把我們帶到哪裡去，是不是也和以前的經理一樣只是想炒個短線、撈一把就走？現在我就向大家表白也做個承諾，我既然來了，就準備把這個經理長期做下去，絕對不會弄些表面工程『撈一把』就走人。因為，那樣對我們這個部門和對我自己來說，都沒什麼好處。我既然當了經理，就非跟大家一起做出點名堂不可，因為我們是坐在同一條船上的……」這幾句話平實、通俗，沒有大道理，更沒有表面的客套，但讓人聽了都覺得舒服，因為他把

話都說到大家的心裡去了。他的這番話，讓那些對他抱持觀望和懷疑態度的人打消了疑慮，認為他是一個真心想做事的人。許多人多說：「這個經理就是不一樣……」「經理很不錯，我們跟著這樣的經理做事，心裡踏實許多……」

這位經理的第一次亮相就在員工們的心裡留下了十分深刻的印象。他這些看似十分平淡的話卻是經過了慎重考慮的，他知道講一些枯燥的大道理絕對引不起部門員工的好感，倒不如將自己的真實想法告訴他們，用動之以情；曉之以理的方式來感化他們，和他們完成良好的溝通形成相互信任的關係。

我們在和別人進行說理的時候要做到曉之以理，動之以情。打動了對方的感情，就會在雙方的心理上引起共鳴，那麼一切的難題就會迎刃而解了。

不論是在生活中或工作中，為了雙方能夠有效溝通，或為了對方或自己團隊的利益，人們常常需要對別人進行規勸，以使對方回到正確的軌道上來。

勸誡的基本運用方式分為以理勸誡和以情勸誡兩種。以理勸誡的條件是必須具有充足的理由，然後是循循善誘，以理導入，以理結尾，使人茅塞頓開。讓對方知道他必須如此做的理由──他是擔負某項重要的任務；他的工作對於整個事情的發展非常重要。每個人都盼望自己被別人認可，受人矚目，受人歡迎，因此我們在勸誡別人時，就應該設法滿足他們的這些期待。

用講道理來勸說別人，比你用高壓態度命令別人做事有效得多。因此，我們在勸說他人時更要留心用語和語氣，做到以理服人。

以情勸誡是以對方的某種感情關係為切入點，然後再進一步擴展開思路，由表到裡，由此及彼，以感情感化對方，從而達到勸誡的目的。以情勸人，重要的就是一個情字。要講情，就要以對方的心理為主，發現對方的心理所需，才能做到動之以情。

曉之以理，動之以情的就是要做到情理結合，以理服人，以情動人。在生活中，得理不饒人的方法是不可取的。畢竟，人的全部心理活動，都離不開情感的伴隨，情感是溝通的橋樑。只有將對方的情感「俘獲」才能達到讓對方由衷地對你的意見表示贊同。我們常說的「通情達理」也正是這個意思。在說服別人的時候，我們只有做到動之以情，曉之以理，才能實現說服的目的。

**話術 POINT**

在請人幫忙辦事時，不論是說理或是動情，前提是一定要掌握對方的心理，說對味的話，三言兩語，就說到了對方的心坎上，疙瘩迎刃而解；才能發揮作用。如果看準了對方的需求，說服就能有的放矢，確有成效。

曉之以理，還要結合動之以情，通情才能達理。以事比事，將心比心，運用自己或親朋的經驗教訓，再加上富含感情的語言，就容易令人感到親切可信，引發情感上的共鳴。再設身處地充分考慮對方的切身利害、實際困難，在此基礎上進行說服，才稱得上是真正的通情達理，也更令人心悅誠服。

# 單向溝通的實際應用技巧

溝通有「單向」、「雙向」兩種。「單向溝通」是「你聽我說」，只有一方在說，若聽者沒有回應，自然不知道對方是不是真的懂你的意思。「雙向溝通」是面對面「諮商」、「你聽我說，我聽你說」，在充分的對話中，找到雙方的「交集」以及可達成的「平衡點」。雙向溝通需要去考慮到別人的情況，所以相較於單向溝通，雙向溝通的速度是慢的，然而單向溝通的速度雖快，卻並不準確，因為你不能肯定對方是否真的明白和理解你的想法。

「單向溝通」是指在溝通過程中，一方在一段時間內保持講話狀態，而對方一段時間是處在聆聽狀態，雙方在一段時間內的兩種狀態共同構成「單向溝通」狀態。這種溝通方式的優點是傳達資訊、訊息的速度較快，資訊發送者的壓力較小，而其缺點則是接收者沒有回饋意見的機會，不能產生平等的參與感，不利於提升受話方的自信心和責任心，不利於建立雙方的感情。

你有沒有曾經和某人對話時，對方一點反應也沒有呢？然後你的注意力就會卡在那裡，猜想到底怎麼了？是對方沒聽到呢？還是……正是因為單向溝通存在著這樣的缺陷，很多人都不願意採取這種溝通方式。但是，在某些特殊情況下，單向溝通卻成為唯一的一種溝通方式，容不得人輕易放棄。遇到了這種情況應該怎麼辦呢？

　　FBI經由多年與人打交道的經驗告訴我們，只要搭配適當的辦法與技巧，單向溝通的缺陷是可以被克服的。具體方法如下：

# ❶做到言簡意賅

　　單向溝通完全是一個人在唱獨角戲，如果説的話過多，傳遞的資訊過量，接收者就容易產生厭煩的情緒。一旦對方產生了這種情緒，就不會有繼續聽下去的興致，更不會有所回應。為了避免這種情況，我們在進行單向溝通的時候就要盡量做到言簡意賅，多餘的話一句也不要多説，哪怕是一個無用的詞也不要從口中説出。只有這樣才能縮短溝通時間，讓對方保持傾聽的興趣。

# ❷對待不同的溝通對象使用不同的語言

　　在生活中，不同的人往往會有著不同的年齡、教育、職業和文化背景，同樣的一句話，不同的人會產生不同的理解。另外，不同職業的人都有著不同的專業術語和「行話」，作為單向溝通方，如果不注意這些差別，認為自己所説的每一句話都能被他人恰當地理解，那麼，必將會給溝通帶來重重阻礙，最終導致溝通的失敗。因此，我們在進行單向溝通的時候必須要根據接收者的具體情況選擇語言，應盡量通俗易懂，少用專業術語，方便聽者能確切理解所收到的資訊。

　　FBI一再強調，作為單向溝通方一定要小心語言的運用，選擇聽者易於理解的辭彙，力求讓訊息量更加清楚明確。對容易產生歧義的話語應當盡量避免使用，或者是對於可能產生誤解的字句，做出必要的解釋和説明，表明自己的真實

態度和情感，以免遭到別人的誤解；在傳達重要資訊的時候，為了消除語言障礙帶來的負面影響，針對聽者的情況，斟酌使用對方易懂的語言才能確保溝通有效。

## ❸恰當地使用肢體語言

美國心理學家亞伯特・梅拉比安經研究認為：「在人們溝通中所發送的全部資訊中僅有7％是由語言來表達的，而93％的資訊是由非言語來表達的。因此，在向他人傳遞資訊的時候必須注意自己的肢體語言和所說的話要有一致性，這樣就能在很大程度上跨越言語溝通本身固有的一些障礙，進而提高溝通效率。

FBI告訴我們，肢體語言是交流雙方內心世界的視窗，它能夠真實地反映出一個人的內心世界。要想成為一名成功的溝通者，必須要懂得使用非語言資訊，同時還要盡可能地瞭解肢體語言的意義，磨練非語言溝通的技巧，注意「察言觀色」充分利用它來提高溝通效率。因此，當你在單方向講述的時候要時刻注意與對方交談時的細節問題，控制好自己的肢體動作，不得輕忽。

## ❹保持理性，避免情緒化

在進行單向溝通的時候，我們只能從接收者的情緒中來瞭解他們對資訊的瞭解。加上對方的臉上若是出現不屑一顧、嗤之以鼻的神情時，作為資訊傳遞者的我們一定要控制自己的情緒，盡量讓自己不受到對方的干擾。須知，情緒化能使我們無法進行客觀理性的思維活動，而代之以情緒化的判斷。故而，我們在和別人進行溝通的時候，要盡量保持理性與自制，如果情緒出現失控，則應當暫停進一步溝通，直到恢復平靜之後再繼續。

👉會說話、懂溝通的人，通常是不廢話的，他們說得少，卻又能說到點子上，讓聽者容易記住。印度古代哲人白德巴說：「能管住自己舌頭是最好的美德，而善於約束自己嘴巴的人，會在行動上得到最大的自由。」話是說得越多，錯得越多，一不小心，某句話就成了別人的話柄。如果我們說的話總是兌現不了，那麼除了讓別人鄙視進而陷入人際危機之外，自己的內心也會同樣不安。如果我們能夠管住自己的嘴巴不讓它亂說話，我們說出來的話就會擲地有聲，會更有分量。

我想大家都不會喜歡那些說話主次不分，沒有條理，冗長囉唆的人。話不是說得越多越好，把話說多了、說亂了，就成了廢話，如果人們為了聽廢話而浪費了時間可是會不高興的，這樣對方還會喜歡你嗎？

# 單雙向結合，互動式的協商

　　FBI認為，溝通的模式並不會一直是固定的，在同一場說服過程中，未必只能使用單向溝通或者是雙向溝通其中的一種。在很多時候，一種溝通模式並不能能達到良好的效果，只有單雙向溝通相結合才能讓說服工作無阻礙。他們往往會靈活運用兩種不同的溝通方式，做到單雙向溝通相結合，輕鬆達到目的。

　　在實戰中，FBI是如何將單雙向溝通有機結合在一起的呢？我們可以從以下這個實例中找到答案。

　　加州一家銀行發生一起盜竊案，帳戶上丟失了1000萬美元。FBI迅速成立了以威廉為組長的調查小組。經過線索尋找，資訊調查，最後，威廉將目標鎖定在銀行系統維護員身上。

　　威廉根據所掌握的資料瞭解到，這兩名系統維護工程師畢業於美國軟體學院。精通程式設計，但喜歡耍小聰明，好占小便宜，在同事中不受歡迎。威廉找到銀行行長，明確地告訴他：「現在嫌疑犯已經確定是兩名系統維護工程師，你多留意他們的動靜，不能打草驚蛇。」還沒等行長開口，威廉又吩咐道：「專案小組會對所有員工進行調查，一個星期之內任何人都不能隨意離開銀行，你盡快將這個決定告訴給每一位員工。」行長答應，依計行事。

　　專案小組在調查的第五天，兩名系統維護的工程師向行長請假要求

回家。威廉得知資訊後，找到行長，問他：「這兩個人說是有急事，你怎麼看？」

行長回答說：「可能是家裡真的有急事。」

「他們在工作中的表現如何呢？」威廉又問。

他們技術精湛，工作認真，但性格有些孤僻，不喜歡與人打交道。」行長回答。

「現在基本可以斷定，他們就是盜竊銀行存款的人」威廉說。

行長不解，問道：「他們是透過什麼方式盜竊的呢？」

威廉解釋說：「他們以自己的專業技術破解了銀行伺服器的密碼，並將錢悄悄地轉移到了瑞士銀行的帳戶上。」

行長大驚失色，連呼看錯了人，他懇求威廉幫忙將鉅款追回來。

威廉告訴行長，若走法律程序，對犯罪份子進行審訊，他們未必會承認犯行，也未必會將錢送回。要想追回鉅款，還是應該由行長親自勸說。

行長採納了威廉的意見。他把兩名工程師叫到辦公室。開門見山地對他們說：「你們破譯了資金伺服器的密碼轉走存款的事，我已經知道了，希望你們及時將贓款交出來，給自己爭取從輕量刑。如果你們拒不交出贓款，必將面對牢獄之災，到時候也會波及到家人的生活。」兩名工程師原以為自己做得天衣無縫，沒想到這麼快就被行長識破了。頓時驚慌失措，在強大的心理壓力之下，他們承認了轉走鉅款的事實，同時也將贓款退還到銀行的帳戶中。

在這個案例中，FBI運用了單雙向相結合的方式與行長進行溝通。當發現線索，將目標鎖定在系統維護工程師身上的時候，威廉就要求銀行行長按照自己的指示去行事。這就是典型的單向溝通模式。

在威廉看來，這種情況下不可能和行長在犯罪嫌疑人是誰的問題上進行協商，因為行長對刑偵工作一竅不通，如果與他討論過多，非但不能對破案有所幫助，還會阻礙調查的進行。

緊接著，當FBI得知調查得知兩名系統工程師確實是犯罪份子時，就與行長再次溝通，而這次並沒有用命令式的溝通方式，而是採用了雙向溝通方式，既表達自己的觀點，又得到了行長的資訊回饋。如此一來，不用常規的方式抓獲系統工程師。最終，通過單雙相相結合的溝通方式，FBI既找到了犯罪份子，又確保了贓款的追回，挽救了銀行的經濟損失。

互動式的雙向溝通需要溝通雙方的共同努力。那麼，怎樣才能激起對方的興趣和積極性，讓對方和自己一道來進行互動式溝通呢？FBI告訴我們，應該做到以下幾點：

## ❶有互相尊重、互相信任的心態

FBI認為，互動式溝通是建立在相互尊重和信任基礎之上進行的。如果沒有了尊重，根本就無法引起別人的溝通欲望；缺少了信任，就會讓溝通變成勾心鬥角。如此一來，很難有效溝通。因此，經驗豐富的FBI就一直強調：「在和別人進行溝通的過程當中，首先就應該調整一下個人的心態，用一顆尊重、信任之心去與別人交談才能打開他的心扉，爭取他的配合。」

在職場中，無論是和同事還是下屬和客戶，要想和他們進行互動式溝通，就應該有一個好的心態。因為，尊重和信任是互動式溝通的靈魂，一旦離開了這兩

個重要的因素，那麼，一切就無從談起了。

## ❷ 認真地傾聽對方意見，然後再進行溝通

顧名思義，互動式溝通是溝通雙方共同參與共同完成的溝通。如果一個人在溝通的時候只知道滔滔不絕地發表自己的意見，不給別人留出說話的時間，那麼，這種溝通就會變成「獨角戲」溝通，甚至連溝通也稱不上，如此一來，非但不能產生多大的溝通效益，還有可能會讓事情朝著相反的方向發展。

我們在和別人進行交流的時候，應該掌握必要的分寸，把握好一定的時間，不能讓自己唱獨角戲，而是要給別人發表意見的時間和機會。另外，讓對方發表意見時，他說什麼，你都要認真傾聽，做到心中有數，同時還要做好及時的回饋。你回饋的資訊越多，對方說話的欲望就越大，溝通雙方所產生的效益也就越多。

## ❸ 塑造民主溝通的氛圍，讓每個人都暢所欲言

互動式溝通不僅僅是兩個人之間進行交流，更多的時候則是一群人在對談、討論。為了得到更多的資訊，產生更大的溝通效益，就應該給每一個人有發言的機會。

在推崇民主自由價值觀的美國，非常注重每一個人說話的權利，在溝通中更是如此。用FBI前任局長胡佛的話說就是，「沒有民主的溝通簡直就是法西斯，是無效的溝通，也是荒唐的溝通！」因此，FBI的工作人員非常重視這一點。

在FBI看來，塑造民主溝通氣氛，能夠讓每一個溝通者發表自己的意見和看法，才能確保收集到更多的資訊。在辦公室裡也是如此，特別是對於某些上司來說，更要營造出一種民主的溝通氛圍。比如，在公司會議上，上司不能一味地只

發表自己的意見，而是應該給員工們發表想法、意見的機會，盡可能讓更多的員工去陳述自己的觀點和看法，這樣既能夠表現出一個上司應有的心胸，同時也有利於公司的發展。

## ④及時解決溝通中遇到的問題

FBI認為，能否及時解決在溝通中遇到的問題，直接關係到溝通能否產生互動、是否可以產生溝通效益的問題。兩方在對談時，雙方各自的認識和看法難免會出現一些出入和偏差，遇到了這種情況，既不能通過權威的力量去壓制，又不能不加理會，因此，就需要有人出面去進行調解和處理。否則的話，就會讓分歧越來越大，也很可能會讓參與溝通的人不歡而散。為了防止出現這種情況，一旦發現有分歧，就要及時處理，防止分歧意見繼續越演越烈，變得一發不可收拾。

話術
POINT

一位資深FBI說：「從本質上講，人和人之間進行溝通的最終目的就是為了從溝通中達成共識，而所達成的共識，就是我們想要的溝通效益。」在很多時候，溝通是否能夠產生效益，主要取決於所採取的方式。互動式雙向溝通可以調動溝通雙方的積極性，能夠讓人瞭解到重要的資訊。一般情況下，互動的頻率越頻繁，產生效益的機率就越高。在現實的溝通情境中，我們也要和FBI一樣學會靈活運用單雙向溝通相結合的方式來與別人進行交談與交流。當你使用上幾次之後，就會發現這種溝通方式有著神奇的力量，能夠產生讓人意想不到的效果。

# 33 適當貶低自己，抬高對方

「如果想要博得對方的好感和信任，就必須要懂得利用這一心理策略——貶低自己，抬高對方。」這是很多FBI探警們常常掛在嘴邊的一句話。在和市民以及犯罪份子打交道的時候，他們經常使用這種方法，取得了非常可觀的效果。

面對任何一個溝通對象，FBI都會適當地放低身段，貶低一下自己，很自然地就抬高了對方，以此來獲取對方的信任。在FBI看來這種方式能夠讓對方的心理上有一定的優越感，也就比較容易卸下「心理防彈衣」，以真誠的態度來和你進行交談。

FBI告訴我們，每一個人都非常希望得到別人的激勵或者是讚美。而適當的吹捧則是讚美的最佳形式。這種形式可以迅速拉近自己和別人之間的心理距離，也能夠架起彼此信任的橋樑。

不過，對於那些性格內斂而又有些孤傲的人來說，如果過分地去抬高他們的成就或者是社會地位的話，很可能會產生相反的結果。因為在他們看來，過分地吹捧就等於是變相侮辱。為了避免出現這種情況，就要留心讚美的分寸，掌握好正確的方法，而這種正確的方法則是——貶低自

己。這是因為，每一個人都有自尊心，誰也不願意做有損自尊的事。

一個人如果在外人面前貶低自己，懂得適時地示弱，利用自己的短處，讓對方產生優越感，就等於是心甘情願地承認別人比自己強。這樣一來，那個「比你強」的人就會覺得你是在真心真意地向對方表示尊重和敬仰，也就很容易對你產生信任感了。

美國舊金山是經濟發達的地區。早期有一段時間，這裡出現了很多地下錢莊，嚴重干擾了當地的金融秩序，也破壞了當地的穩定。因此，聯邦政府就決定聯合州政府將那些開地下錢莊的人繩之以法。

由於地下錢莊的隱蔽性非常高，警察局無法從常規的管道去搜集證據，更無法對地下錢莊的老大們實施追捕。因此，聯邦政府決定派一名經驗豐富的探員去做臥底，混入錢莊內部去瞭解具體情況。

這名FBI以一個商人的身分順利潛入地下錢莊內部。他透過中間人找到地下錢莊的老大，並給這位老大送上了一份大禮。兩個人見面之後，FBI對老大說：「小弟從西歐來，早就聽說過您的大名。今日來到大哥的地界上謀生，還請您多多指教才是啊。」錢莊老大見這位生意人非常低調，態度謙恭，對自己也很尊重，就非常高興地接納了他。

接下來的一段時間裡，臥底的探員經常給錢莊老大送禮，還常常表示要向他多學習。這樣一來，錢莊老大對他的防備就日益消退，把這名臥底探員當成了自己人，並且還向他透露了很多錢莊的內幕。

三個多月之後，在錢莊老大的「幫助」之下，這名臥底的FBI就將這家地下錢莊的組織結構、人員安排、黑金來源等重要資訊瞭解了一清二楚。於是，他就和聯邦調查局總部及時取得聯繫，報告了地下錢莊的具體位置和交易時間。最後，聯邦調查局根據這名FBI回報的資訊，聯合當地警察局，成功地將舊金山一帶的黑社會財團一網打盡。

案子結束之後，這名FBI感嘆道：「這些黑社會的人警覺性非常高，不太輕易相信人。但是，他們身上存在著一個致命傷──目空一些，自高自大，喜歡讓別人抬高自己。在和他們打交道的時候，我就是靠貶低自己，抬高對方為武器，最終贏得了他們的信任。」

FBI在談起貶低自己抬高對方的話題時，提到「蹺蹺板效應」：溝通的雙方就相當於坐在同一個蹺蹺板上。如果一個人將蹺蹺板的一頭緊緊貼在地上，另一頭的那個人就會被高高舉起。被高高舉起的人就會因為被認可而產生愉快的心情。與之相反，如果一個人只想讓自己被高高舉起，而把對方看得很低，勢必會引起對方的反感與不快。如此一來，雙方的關係就會變得非常冷淡，甚至還有可能會惡化到劍拔弩張的地步，最終自己非但不能得到對方的信任，還會引起他的仇恨。──由此可見，貶低自己、抬高對方在談話中所占的地位有多麼重要。

**話術 POINT**

👉適當地抬高對方，先找出對方最值得讚揚的地方，並加以吹捧，並說得巧妙、不著痕跡，並向他示弱表示自己沒本事，讓他的自尊心得到極大的滿足。無論是誰，對自身的東西都會有一種自豪、珍惜之情，尊重這份感情，也就能贏得對方的好感與信賴，獲得對方的幫助。此外，對有所求的人說點對方樂意聽的話，尤其是順便就針對與所求的事有關的部分稱讚一下對方，效果尤佳。

# 34 說個故事，更快說服人

FBI告訴我們，如果你在某件事情上有自己的觀點和想法，又想在第一時間說服對方的話，就不要費盡口舌陳述道理。因為，道理一般都是枯燥的，很難吸引有防備之心的人，難以起到說服的作用。在這個時候，就要收起那些大道理，運用生動的故事來進行說服。無數個事實證明，鮮活的故事比枯燥的理論更具有說服力。

我們從小就知道人們不喜歡被別人命令或指點著去做某事，但會被故事中的道理所感召。就像是那些能讓讀者感同身受、產生移情效應的小說，就具有很強的說服力。業務員很早就知道故事是說服消費者的強大工具，那是因為故事（不像資料）更容易被人們理解。

故事說得好，可以收服一個心懷疑慮、抗拒和否定的聽者，為你塑造一個可信的形象。因為故事沒有那麼直接，且引起的抗拒較少，有助於軟化立場、解開僵局，這就是故事的力量。如果故事講得很好，我們將被它征服並深入到故事的情景中去了。一旦投入到故事中去，我們幾乎不可能意識到事情跟日常的生活經驗是不相符的。例如一部勵志的好萊塢電影可能會說服我們，使我們相信自己可以解決任何問題，儘管我們知道現實的世界並不是這樣的。

所以，我們可以試著多運用一些大家耳熟能詳的小故事來試圖說服對方。當人們集中注意力於故事情節中，他們就不太會意識到自己是被試

圖說服的對象，也會在無意識中認同了你的觀點。如果你當面告訴你的主管他的構想不會成功，只會讓你自討沒趣，這時你就需要用故事來說服他。

鮮活的故事，對於任何一個人來說，都是說服他人接受自己觀點的有力工具。主觀色彩較濃的語言，往往顯得太直接，不具有說服力，難以讓別人認同，講道理，羅列資料，通常都會讓人呵欠連篇，很容易就聽不下去了。但是，如果把得當的言辭和詳實的資料融入精心挑選的故事，那就可以收到很好的效果。

當然，運用生動的故事去說服別人同樣需要一定的方法。FBI給我們提供了如下幾點建議：

## ❶ 有明確的觀點

這是利用故事說服人最重要的前提條件。如果你在講述故事的時候沒有一個明確的觀點、宗旨，不知道自己想要傳達什麼，那麼，無論你的故事說得多麼完美，多麼能感動人，最終也不會有什麼好的結果，你也就由一個說服者變成了陳述者。別人只會覺得你的故事講得精彩，根本達不到說服人的目的。

## ❷ 尋找恰當的故事

恰當的故事是最有力的說服證據。如果你選擇的故事和你所陳述的觀點相悖，效果當然就會南轅北轍。例如，如果你想要說服別人遵守交通規則，就應該

講一些闖紅燈、超速、酒駕等行為帶來的遺憾事故，只有這樣才能讓對方信服，反之，如果你大講特講交通安全的最新規定或是法條通過的故事原由，恐怕對方會覺得一點說服力也沒有。

## ❸講故事融入到你的主旨裡

這就需要我們注意兩點：第一，必須要故事，第二，自然地融入到你想說的主旨裡。兩者缺一不可。在內容上，故事所占的比例可以適當地大一些，但主要的主旨一定要帶到。同時，需要注意的是，兩者的結合不能顯得太生硬，太突兀，而是要做到有機結合，將你的觀點和故事緊密地聯繫在一起，發揮不露痕跡地影響到對方的作用。

## ❹要有熱情

在利用故事說服人的時候，你沒有必要大張旗鼓，表情誇張，但也不能不苟言笑，呆板制式，而是要將自己的觀點明確地表達出來，並帶入個人的情感與熱情。這就要求你在講故事的時候慎重選擇一下詞語，多用一些能夠讓對方產生畫面感的字句，同時，也應該輔之以具體的表情。另外，在表達的時候還要掌握整體的節奏感，在關鍵點上提高主音調，在重點上懂得適當停頓。

## ❺用事實來支持觀點

用講故事的方式來證明自己的觀點並不是說只講一個故事或者是只能將故事鑲嵌在表達內容的中間位置，你可以多講幾個，也可以將故事用在開頭或者是結尾。至於具體需要多少，就要視情況而定。

尤其重要的是，講故事不能生搬硬套、讓人看出你的刻意，而是要有自然地

帶入。比如，當別人不同意你的意見的時候，你可以說：「先讓我來給你講個故事吧，丹尼爾是某社區的一個保全……」然後再將故事講出來，為你的觀點增加說服力。

不過，FBI告訴我們，雖然講故事非常有效，但並不適合用於任何場合。在很多時候，尤其是在和犯罪份子較量、商業談判上，最佳的方式還是直奔主題，表明自己的觀點。須知，在這種情況下。事實和資料本身就是故事，我們沒有必要煞費苦心地去搜集其他東西來證明自己的觀點。

**話術 POINT** ★★★

☛運用說故事來進行說服，可以打破僵局促進了解，使說服更有利。人都有其精明、理智的一面，如果你能夠透過有力的證據，有說服力的小故事而得到別人的認可，一段時間後，別人對你的信任仍然不會消失。在條件合適情況下，提供有力的書面資料，實際的案例、故事，令你說服起來變得非常輕鬆。

# 動用數字說話讓自己更有說服力

　　數字是一種語言符號，可以傳遞出具體的語言資訊。它能夠給人一種真實和具體的感覺，可以讓接受資訊的人腦海中形成非常清晰的圖像。FBI在對別人進行說服的時候，為了增加可信度，讓對方聽從自己的意見，往往會採用羅列數字的形式來說服別人。

　　在商業活動中，很多家企業為了證明自己的產品值得信賴，都會採用數字的形式來做廣告，通常也都能取得非常好的效果。

　　美商寶鹼（P&G）的象牙皂（Ivory）在1879年上市。當時大多數公司都在生產一般的粗製肥皂，只有少數肥皂企業生產一些昂貴的精製皂。在那時，市場上的肥皂大多都還沒有做廣告，而象牙皂卻是第一個投鉅資用廣告推廣的肥皂，也是美國迄今為止廣告力度最大的品牌之一，它的廣告宣傳語主打：「象牙香皂，99.44%的純度。」

　　為什麼寶鹼象牙皂成為了知名品牌，受到了消費者的認可呢？這和他們善於用數字說服是分不開的。很明顯，如果他們是運用華麗的辭藻和富有誘惑性的語言來吹噓自己生產出的產品，會因為太過抽象，而難以引起消費者的信服，也就對該公司的產品不具信心。而運用99.43%這個精確的數字，則傳遞出了真實的資訊，有利於增加人們對其產品的好感和信任。

　　FBI告訴我們，在與人交流、溝通中，要想迅速說服對方，如果能巧

妙地運用數字的話，就能發揮事半功倍的效果。請看以下這個例子：

　　一九二二年，來自紐約的一位女國會議員貝拉伯朱格進行了一次演講，呼籲要給予婦女平等的政治空間與地位。

　　她說：「幾個星期前，我在國會傾聽總統對全國發表談話。在我周圍落座的有七百多人。我聽到總統說：『這裡雲集了美國政府的全體成員和內閣成員。』但我環視四周，在這七百多名政府要員中，只有十二名是女性；在四三五名眾議員中只有十一人是女性；內閣人員中沒有女性；最高法院中也沒有女性。」

　　她列舉的這些具有鮮明對比的資料說明了她的觀點。無論你是否贊成她的觀點，在這些確鑿的數字面前，你都不得不承認，這個國家並不是處處平等，在政府和議會組織中，存在著非常嚴重的性別歧視現象。

　　從這個故事之中我們就可以看出數字的力量，因為它意味著鐵的事實，在這種情況下，你不用多費唇舌，只需將數字列出，就能夠達到比任何苦口婆心的勸說強百倍的效果。

　　數字可能是最簡單，也可能是最深奧的。數字擁有非凡的說服能力，不容忽視，它給人一種真實、具體的感覺，讓對方在腦海裡形成清晰的圖像，特別是在使用對比性數字的時候，這個效果會比單純地羅列數字更讓人印象深刻、容易記住。

　　在很多時候，一組數字可能比一個孤立事例更能反映本質。所以，牢牢地記住那些平常記不住的詳細數字和長長的專有名稱，做到脫口而出，能給對方留下做過詳細調查和有備而來的印象，就能發揮立竿見影的效果。

數字和專有名詞是在談判中說服對手最有效的武器。用數字說話，就是說服工作中的一大特點，數字越精準就越能建立起別人對您的信任。

當然，運用數字說話同樣也需要注意一些事項，掌握一些原則，為了能夠熟練地掌握數字說服法，我們就應該瞭解以下幾點內容：

## ❶ 必須要選擇對自己有利的數字

想運用數字對人進行說服，就要找到對自己有利的資料。如果你只是為了數字而數字，說出一組無關緊要甚至是幫了倒忙的數字出來，反倒是將自己置於不利地位。因此，在準備運用數字說服之前，你就應該瞭解自己需要表達什麼，然後再尋找、準備與之相關的資料。

## ❷ 資料一定要精確

在運用資料進行說服的時候，要盡量避免「大約是」「應該在」「左右」之類的字眼，而是要多說一些比較精確的資料。比如，當你想告訴大家要有拾金不昧的道德感時，你就應該說「經過調查，有75.83%的人會選擇將失物還給失主」而不能說「絕大部分人會選擇主動送還」，因為對方不知道絕大部分是什麼意思，占多大比例，很有可能認為你所說的是虛假的、沒有根據力的，如此一來，你的觀點也就沒有了說服力。

# ❸多運用對比數字

　　只有兩個人的意見不相同的時候才會出現說服他人的情況。要想讓對方同意自己的觀點，你就應該多運用一下對比數字。因為這樣就能夠迅速擊垮對方固執的心，迅速轉變自己的觀念。比如，你和同事在討論某項工作方法的時候，就可以說：「運用第一種方法成功的機率是87%，而第二種只有36%。」兩組數字一比較，對方自然就會按照你的建議選項去行事，不再堅持錯誤的觀點。

**話術 POINT**

　　☞列出具體數據是增加說話內容可信度的重要方法，用數字說話，比用名詞和形容詞更具說服力，空有華麗的辭藻是不具有吸引力的，也難以讓人信服。因為那些詞句是很抽象的，很難讓人有切實的感受，記住，要證明你的觀點，說話時你應多用數字，語言會更加生動，有真實性，說服力強，自己也會更加有自信。

# 36 用事實為自己的話背書

　　FBI探員們在和別人溝通的時候，一直都堅持以理服人，很少以權勢壓人，利用聯邦調查局的身分去強迫別人來合作，以配合公務的名義強迫人做這做那。這是因為他們認為：以理服人就是看事實，講道理，讓對方從你講的事實中領悟到其中道理，心悅誠服地接受你的建議，按照你的建議去行事。

　　在利用這種方式與人交流的時候，我們要把注意力放在「理」上，不能講空話、大話、套話，而是需要實實在在地論證說服。

　　在第二次世界大戰中，有一位FBI將被派往一艘油輪上執勤，跟他一起行動的還有他的一位同事。但是，當任務具體下達的時候，他們兩人卻表示不願意接受這個任務。因為他們聽說，在油輪上執勤的風險非常高，一旦被敵軍的魚雷擊中，就會導致汽油爆炸，頃刻之間就能讓他們丟掉小命。為此，他們感到十分恐懼，而想拒絕這項任務。

　　上司瞭解了他們的心理情況之後，就從海軍那裡弄到一組資料，然後再約談這兩名FBI。向他們倆提供了一些準確的統計數字，指出被魚雷擊中的一〇〇艘油輪中，有六〇艘沒有沉到海裡去。而在真正沉下去的四〇艘油輪中，只有五艘是在不到五分鐘的時間內沉下去的。所以，他們有足夠的時間跳船逃生。依靠他們的游泳技術，完全有機會脫離險境。也就是說，死亡的可能性非常小，根本不用過度擔心。

兩名FBI知道了這個平均數字，瞭解了真相之後，恐慌心理頓時消失得無影無蹤，於是，他們欣然接受了這項任務。

　　後來，這兩名FBI出色地完成了任務，還受到了聯邦調查局的嘉獎。

　　FBI探員之所以能夠最終接受任務，主要在於上司的說理方式，他用事實為證據，而不是簡單地講大道理，空話或大話，最終打消了他們的顧慮，欣然接下了任務，由此可見，用事實說話，以事實來為自己的話背書，是一種最有力、最科學的說理方式，能夠讓人深深地信服，更能有效避免後顧之憂。

　　用事實說話，是一個非常簡單的道理。但是，現實生活中，有不少人在說服他人的時候，卻只喜歡講道理，不願意搭配事實資料，說的話沒有任何可信度可言。

　　比如，有些上司在慰留想要辭職的下屬時，總是喜歡「畫大餅」，告訴下屬公司的前景如何如何美好，繼續留下來發展無限……這種美妙的許諾看似非常吸引人，實際上卻產生不了任何作用。因為下屬沒有得到準確的資訊，聽到的都是一些大話、很虛浮的空話，實際價值，自然難以讓人信服。

　　當然，用「事實說話」也需要掌握一定的技巧，堅持一定的原則，避免出現失誤和錯誤。那麼，究竟該怎樣做呢？FBI為我們提供了如下幾條建議，希望能對我們有所幫助：

## ❶ 道理要講清

「用事實說話」的前提就是自己先要明理。在說服別人的時候，要清楚地闡述事件的理論依據，這些事實和理論依據必須要以對方瞭解為條件。在說理的時候，要考慮一下哪些先講，哪些後講，哪些要重點強調，要讓說理過程有邏輯感，不能太混亂，讓人有雲山霧罩不知所云之感。

## ❷ 選擇對自己有利的事實，舉例有典型性

「用事實說話」並要把具有代表性的事實都擺出來，而是要仔細篩選、斟酌，對於那些於己不利的東西，最好還是隱藏一下。另外，在選擇事實的時候，最好要挑選出有代表性的，最能吸引人的，因為只有典型的事例才能反映出事物的本質和規律，才有證明意義。

## ❸ 不能為了增強說服力而杜撰事實

用事實說話，要確保事實的真實性。如果你為了讓對方信服，憑空捏造一些不存在的事實的話，很有可能會被有人心人士察覺，一旦謊言被拆穿、曝光了，無論你講的道理多麼正確，對方都沒有心思再聽下去，你所講的每一句話都會被對方懷疑。

📌俗話說得好：「有理勝三分。」、「一個典型的事例勝過千萬句空洞的說教。」事實勝於雄辯，「用事實說話」是說服對方最犀利、最有效的方法。可見，確切實在的事實論據，往往是最有力的證明材料。

運用重點在於要精心選擇事實，運用事實的邏輯說服力，充分而含蓄地表達你所要表達的觀點。因此，擅長用事實說話，是我們在進行說服的時候必須要掌握的方法。

# 37 先苦後甜的讓步效應

探員們在向一些知情市民調查線索的時候，通常都會耍一些「花招」「小心機」，向他們提出過高的要求，以此來「威脅」對方，然後再以適當讓步的形式來說出自己的真實要求，來達到最初的目的。多次的事實證明，這種方法屢試不爽，屢戰屢勝。

FBI探員希望從一名知情市民的口中得到犯罪份子的藏身之地，但是又怕這名市民不配合。他就會先提出非常高的要求：「只有你知道犯罪份子藏在什麼地方，希望你能協助我們調查，請你為我們帶路，把那些犯罪份子逮捕歸案。」知情者聽後，感到非常震驚和恐懼，面露難色，連連揮手拒絕：「那地方實在是太危險了，我不敢去。」探員見狀，就會順勢做出讓步，提出新的要求：「既然你擔心生命安全，我們就不難為你了。這樣吧，你把具體地點告訴我們，剩下的事情就交給我們吧。」

知情者一聽，大鬆一口氣，連連點頭表示答應，就會爽快地把犯罪份子的藏身之地告訴了FBI。

如果FBI在一開始的時候就直接要求知情者把犯罪份子的藏身地點告訴他，那麼，知情者就可能會有所猶豫，甚至還可能會拒絕他。一旦要求被拒絕了，FBI就會處於非常被動的地步，沒有任何迴旋的餘地。但是，FBI採用先直接提出了一個更高的要求，從而有效地化被動為主動，給了對方討價還價的彈性。知情者聽到新的要求之後，心裡會因為感到慶幸，

自然也就不好意思再拒絕了。如此一來，就達到了他的目的。

其實，FBI的這種做法也不是什麼獨門秘笈，很多聰明人在和他人談判的時候都會利用到這一技巧。比如，魯迅先生就曾在他的一篇文章中講了這樣一個故事：「如果有人提議在房子牆壁上開個窗子，勢必會遭到眾人的反對，窗口肯定開不成。可是如果一開始就提議把房頂改掉，眾人則會反過來退讓，同意開個窗口。」

為什麼會出現這樣的情況呢？這是因為每個人都會有一種思維慣性，他在判斷事情的時候，都會在有意無意之中進行一番「貨比三家」的比較。

練習
Tips

如果你只對他提出一個條件，哪怕這個條件再小，恐怕也會遭到他的拒絕。因為他不知道你的要求存在多大難度，也不知道這樣做值不值得。反之，如果你在提出了一個難度比較大的要求之後，再不失時機地主動「打個折扣」，換一個難度相對較小的要求，就等於是給他提供了一個參考，兩個要求進行一番比較之後，他就會認為按照後面的要求去做，不會存在什麼難度，操作起來比較容易，於是，就會爽快地答應第二個小要求。他們不但會答應得比較爽快，做起事來也就格外認真，最後，一定能夠給你一個超乎想像的成果。

有一名工會代表想為廠裡的員工爭取加薪，於是向該廠的老總提出了一份書面要求。一個星期之後，老總找他來談新的勞資合約。他在來紡織廠辦公室之前，做好了打擂臺的準備。

令他感到非常驚訝的是，老總見了他之後，就向他詳細介紹銷售和

成本情況，還花費了相當長的時間跟他說明今年的財務前景。這種場面是工會職員從來就沒有見過的，讓他想不透，這究竟是怎麼回事。為了爭取時間，想好對策，他就拿起了茶几上的資料閱讀了起來，而他的書面要求則在這些資料的最上面。

工會代表看了之後，恍然大悟，終於明白為什麼老總要向他訴苦了。原來，他的秘書在打字時打錯了一個字，將要求增加薪資13％打成了31％，（而他本人的期望值則是8％。）難怪廠方會如此為難。

看罷資料，他的心裡就有了底。於是，就靜靜地聽著老總大講特講工廠的艱難處境，等待他的最後結論。老總在訴了一番苦之後，表了態：「工資可以漲，但是漲幅不能太大，公司的底線調薪15％。」工會代表聽後大喜，也就爽快地和老總簽訂了協議。

在和客戶或者是對手談判的時候，我們向對方開出的價碼一定要高於自己最初的要求。因為這樣才能讓對手有談條件的空間，談判才能繼續下去，而自己也才有機會保住自己的底線。因此，那些深諳談判術的專家們在談判桌上都非常愛用這種方式。

👉這種先苦後甜技巧，就是先提出苛刻的假要求使對方產生疑慮、壓抑、無望等心態，以大幅度降低對方的期望值，然後在實際談判中逐步給予讓步，對方也會退而求其次同意或接受你的第二要求。在工作中，特別是當我們和別人進行談判、協商的時候，我們就應該講究一些策略和方法，運用一下先誇大再縮小的說服技巧，用提出高於預期要求的形式來達到最初的目的。

當然，在工作的時候我們也可以以這種方式來對待自己。比如，給自己制定一個較高的工作目標，迫使自己朝著這個方向努力。若真能實現了這個目標更好，即便實現不了，也早就實現了當初自己本該設定的正常標準。

# 利用權威效應，有力地說服對方

「權威效應」也是FBI探員常用的說服方法。所謂「權威效應」說的就是如果說話者的地位較高，深得眾望，比較有威信，受人尊重，那麼，他所說的話就比較容易引起別人的重視，也比較容易讓人相信。

為什麼權威人物或名人說的話能夠比較容易得到他人的認同呢？主要是有兩個原因：

第一是因為人們普遍具有尋找安全感的心理，也就是說，人們總覺得權威人物在某些專業領域有著較深的造詣，在具體實務方面的認識上要比一般人看得遠一些，他們的言論增加了不會出現錯誤的「保險係數」。

第二，人們對權威人物都有一種「盲目崇拜」的讚許心理，因為大部分人對一些事務的認識都處在業餘水準，對自己的看法通常都是不具信心、沒有把握的，而權威人士則不同，他們往往代表著正確的認知方向，他們的要求也常常與社會規範相一致，按照他們的要求去做，感覺就萬無一失，跟著做就不會錯，同時也能夠得到社會各方面的讚許和獎勵。

透過以下這個故事，我們就不難看出權威效應的神奇功能。

在美國，有一個心理學家做了這樣一個試驗：他們在給某一大學心理學系的學生們講課的時候，向學生們介紹了一位從其他學校請來的德語老師。然後對學生們介紹，這位老師是來自德國知名化學家。

在上課的過程中，這位著名的德國「化學家」煞有其事地拿出了一

個裝有蒸餾水的瓶子，告訴學生們說，這是他自己最新研究發明的一種化學物質，裡面有一種化學物質，在嗅覺上有一些說不清的味道。然後他就要求聞到特殊氣味的學生們把手舉起來。結果，整個教室裡，百分之八十的人都舉起了手。

為什麼明明是沒有氣味的蒸餾水，卻被大部分學生認為是有氣味呢？其實這就是社會中存在的一種普遍心理現象，也就是「權威效應」。

FBI在和一些意見相左的人進行交流的時候，為了讓對方同意自己的意見，他們常常會搬出「權威人物」，用權威人士說的話來為自己的意見背書，進而征服對方。一般而言，大多數人是比較願意相信專家或權威人士的意見，在說服別人時，不妨多多利用一下「名人效應」，告訴對方「這是某某大師的建議」或「某位名人也喜歡這樣做」，往往能收到事半功倍的效果。

一個善於利用權威效應進行說服他人的人，往往也能夠獲得「亞權威」的身分，那麼，他也就能夠得到大家的認可和歡迎，做起事來就事事順心。反之，一個平凡得不能再平凡的小人物，可以說是人微言輕，如果還不懂得利用權威效應來給自己增加分量，很可能就會受到大家的疏遠與孤立，做起工作來，就會時常遇到人為的阻力和壓力，陷入說話沒人聽的尷尬境地。

那麼如何利用權威效應,讓自己說的話讓人信服呢?FBI告訴我們,要做到如下幾點:

## ❶ 多讀書,勤看報

一個沒有閱讀習慣的人,是不可能知道權威人士和權威觀點的。一個不愛看書不讀報章雜誌的人,眼界只能局限於一些狹小的範圍之內。當他需要引用一些理論性的東西時,就難免會感到窘迫,即便是想杜撰幾句經典的話也會漏洞百出,最終非但不能有效地說服別人,還可能讓自己出了糗。

## ❷ 引用權威人物的話要適度,不能太多

需要用權威效應去說服別人,只需說上一兩句即可。如果長篇大論連篇累牘地引經據典,大講特講子曰……,誰說……;書上說……,就會讓說服發生本質的變化,成了炫耀自己的學識淵博。這樣一來,對方就會對你產生反感,你想再說服他就難了。

## ❸ 配合適當的表情、眼神和手勢語

在引用權威人物的話時,要讓對方從神色上看出你對這個權威人物的瞭解以及信服。如果你用輕佻的眼神,開玩笑的表情,不自重的手勢,對方可能會覺得你是在說謊,或是認為你是在開玩笑,自然也無法信服你

所說的話。

👉事實上，不僅僅FBI喜歡利用權威效應來說服別人，在現實生活中，這樣的例子還有很多：在辯論賽上，辯手們喜歡引經據典，利用權威人物的話來爲自己的見解做背書，一些商家打廣告的時候喜歡邀請一些權威人士像是業界名人、明星、醫生來做產品代言人……等等。

在談話的時候，如果想要得到別人的支持和認可，我們就可以適當地利用一下權威效應，這樣不僅可以減少雙方的矛盾，還能夠節省很多口舌和精力，達到不錯的溝通效果。

# 04

# FBI教你突破言語障礙，占盡上風

　　在交談中，一個處於下風的人，只能扮演弱勢的角色。在整個談話過程中，將會被別人主導，受人支配，談話結束後就會發現自己非但不能正確地表達自己的想法去影響別人，反而成為了他人的附庸。為了避免出現這種情況，我們就要向FBI學習一下如何突破溝通障礙，掌控言談主導權，運用正確的方法，來突破對方的心理防線，攻破語言障礙，不再吃悶虧。

*Discourse psychological techniques*

FBI

# 39 完美的溝通，始於智慧的傾聽

　　FBI探員們無論是在社交圈子裡還是在工作中，與人溝通的時候都表現得遊刃有餘，無往不利。很多人想當然地認為，最關鍵的原因是因為他們懂人心，善說話，可以在最短的時間之內利用語言來抓住對方的心。這樣說其實也不無道理，不過，他們的成功並不僅僅取決於「說」，還有更重要的一面，那就是「聽」。很多情況下，善於傾聽遠比舌燦蓮花地說更重要。

　　FBI內部培訓講義裡指出，一個人若滔滔不絕地說，不給別人插話的機會，不讓他人表達自己的意見，就會讓雙方的交流變成個人表演，彼此的溝通也就變了質。一個人在溝通中過於注重表達，就會顯得過於個人主義，忽視了他人的存在，時間一長，就會讓別人覺得很討厭。這種單口相聲式的交流方式，從表面上看去非常熱鬧，但實際上卻因為缺少聽者的參與而顯得非常尷尬。

　　在人類的潛意識中，每一個人都非常看重自己，也希望得到別人的尊重和注意。這種意識在談話中表現得尤其強烈。在我們的潛意識裡，每個人都想被重視，都希望得到別人的注意。

　　我們試著想一下這個情境：當一個人正在高興地講一個笑話的時候，突然卻被一個不識相的人打斷，改變了話題。講笑話的人心裡必定非常難受，甚至還可能非常惱怒，恨不得走上前去封住那個插話者的嘴巴。

從這件事中我們就能瞭解到讓別人把話說完是多麼重要了。

喬斯是聯邦調查局的一名警員。有一次，他需要從一位知情女市民那裡得到一些線索，就立刻去拜訪她。女士打開房門看到喬斯，聽明他的來意之後，表情十分冷淡，一副愛答不理的樣子。喬斯見狀，就暫時不打算再提問，閉上了嘴巴，細心觀察並思考著有什麼辦法能讓女士配合。

突然，他看到陽臺上擺著一盆美麗的盆栽，讚美地說：「好漂亮的盆栽啊！平常似乎很難見到。」

「你說得沒錯，這是很罕見的品種。它是屬於蘭花的一種。它真的很美，是那種很優雅的美。」女士回答說。

喬斯就乘勝追擊：「確實如此。但是，它應該不便宜吧？」

「這個寶貝很昂貴的，一盆就要花1000美金。」

「什麼？我的天哪，1000美元？那每天都要給它澆水嗎？」喬斯故作驚訝地感歎。

「是的，每天都要很細心地照顧它……」

女士開始向喬斯傾囊相授所有與蘭花有關的知識及訣竅，而他也聚精會神地聽著，不時地提出自己問題。

最後，這位女士終於被感動了。她說：「就算是我的老公，也沒有心情聽我嘮嘮叨叨講這麼多，而你卻這麼喜歡植物，真是太好了。希望改天你再來交流養花的知識，好嗎？」接著，她將自己瞭解的一些情況全部告訴了喬斯。

由此可見，聰明的人不僅僅是一位口齒伶俐的說客，更應該是一位出色的聽眾。傾聽在無形之中也能發揮到褒獎對方的作用，仔細認真地傾聽對方的談話，是尊重對方的表現，能夠讓說話者的自尊心得到滿足。當你耐心地聽完對方所講的話之後，他就會莫名地開心，認為你理解他，尊

重他，給他提供了一個可以傾訴的機會。如此一來，雙方的感情距離就頓時縮短了不少。

善於傾聽是溝通中必須要掌握的技術。但是，傾聽並不等於是一言不發，要想成為一個善於傾聽的人，還應該掌握以下幾點原則：

# ❶端正態度

在聽的時候，一定要專心，而且要態度謙虛，目光始終注視著對方。同時還要採用積極的回應語來進行回饋，比如「嗯」、「是這樣的」、「我就是這樣想的」……等等。

# ❷善於運用肢體語言

在聆聽時最好身體朝向說話者的方向並稍稍前傾，表示在你正專心關注他的一言一語。這個時候，千萬不要做無關的動作，像是看手錶、搓指甲、打哈欠、伸懶腰等等，在你看來，這是無意識的動作，對方卻認為你在傳遞不耐煩的信號。

# ❸提出問題

提出問題是認真傾聽的表現，可以促進對方進一步說得更多、更深入的欲望。不過，在提出問題的時候，要問到重點，不能問一些無關的內容問題。否則的話，對方就認為你沒有認真聽，是在敷衍他，心裡就會不舒服。

☛美國心理學家斯坦納說：「在哪裡說得越少，在那裡聽到的就越多。」也就是說傾聽有助於我們獲得更多的訊息，有利於我們掌握到一些有價值的東西。

傾聽也是一種非常好的表達方式，當我們用心且認真地傾聽對方所說的話時，無疑是在告訴對方我們關心且重視他，我們願意傾聽對方的心聲，他所說的話令你感同身受，也只有如此才能夠得到對方的好感與善意的回應。

# 沉默的技巧，無聲溝通術

語言是我們表達個人想法最重要的方式，每個人都希望透過完美的口才展示一個不一樣的自我，並以此來說服別人。但是，有時候滔滔不絕、喋喋不休的語言攻勢，反而會激起對方的抗拒，無論你講的話如何動聽，如何有道理，對方都不願意配合你的工作。如果你不達目的誓不甘休，一再追問，非但不能達到目的，反而還會激起對方更大的反抗。因此，在特殊的情況下，要想攻入對方的心房，我們就可以採用沉默的技巧來與別人進行交流。換言之，就是採用沉默的方法來應對那些不合作的人。因為，沉默能夠給對手帶來一定的壓力，幫助自己取得主導的位置，也能讓對方改變態度，主動配合你的工作。

一家公司的保險庫被盜，丟失大量珍貴物品。經過調查，FBI探員將目標鎖定在了保管員喬恩的身上，於是傳訊了他。

審訊員問他：「聽人說，你是一名電腦高手，從我們掌握的資料上來看，作案者也是一名電腦高手。這名犯罪份子侵入了公司的保全系統，讓所有的保護設施全部失效，你對此有什麼看法嗎？」

傑克回答說：「在這個問題上我可以保持沉默，因為這事和我一點關係都沒有。」

審訊員繼續追問：「既然你是一名電腦高手，為什麼卻甘心做小小的一名保管員呢？」

喬恩回答說：「這是我的自由，你管不著。」

審訊員無奈只好先行離開，由老探員傑克來審訊。

傑克一言不發，只是用眼睛死死地盯住喬恩。喬恩慌了神，說：「你有什麼要審問的，只管問好了，別在這裡浪費時間。」

傑克依然不說話，還是一直盯著喬恩。很快，喬恩承受不了了，眼珠亂動，渾身打顫。傑克抓住時機怒喝一聲：「老實招來，你究竟把那一件物品藏到哪裡了呢？」

「這個，這個……」結結巴巴的傑克慌了神，最後，不得不主動交代了一切。

在很多人的印象中，一般都認為說服別人需要有一副較好的口才，能夠用語言攻勢打敗對方，讓對方折服。其實，這種方式未必有效，在適當的時候採取沉默戰術，往往能夠發揮更好的說服效果。

練習
Tips

在生活中，我們經常會面對一些防禦心非常強的人。和他們溝通，無論你多麼耐心，人多麼委婉，也無論你採用什麼樣的方式，都不能讓其聽從你的建議。遇到了這種情況，我們就應該用沉默的方式。事實上，這種方式往往能為你帶來事半功倍的效果。

有一天，小高所任職的空調公司裡收到了一個客戶的投訴信，這封信的措辭十分的嚴厲，字裡行間都充滿了對該公司產品的不滿。為了弄清真相，公司派小高前去調查一下情況，以便做出正確的處理。

當客戶聽說他是空調公司的員工時，表現得既憤怒又傲慢，對他們公司的產品提出了強烈的質疑，並說，若不能妥善解決，就去消費者協會

投訴。小高認真看了一下機器，發現這些問題是因客戶的使用不當所造成的，責任不在公司。但是他想：「我來的目的不是和客人吵架的，而是來解決問題的。」於是，就在客戶大發牢騷的時候，小高就是靜靜地坐在那裡，一言不發。等客戶發洩完之後，才向其解釋了故障的原因，並提出了解決方案。

客戶聽完，就拍著他的肩膀說：「年輕人，你說得都沒錯，不過我還是比較痛恨那個混蛋空調公司。」小高見他餘怒未消，再次選擇了沉默的態度。接著，客戶又說：「不過，看在你的面子上，這件事就這樣算了。」小高聽後，如釋重負。

生活和工作中的許多事情，並不是依靠分辨是非就能妥善解決的。假如你一開始就發動猛烈的語言攻勢，很容易就會激起對方的逆反心理，你也就很難再去說服他。這是因為，當你向對方發動語言攻擊的時候，聲音中就帶有著強烈的火藥味，臉上也會不可避免地會露出一些敵視的神情，對方在逆反心理下就會表現得比較急躁和憤怒，很可能會做出一些出於常軌的選擇，而導致僵持的局面。

**話術 POINT**

☛沉默並不是一些人眼裡的理屈詞窮、啞口無言，相反的，沉默卻顯示了一個人的智慧、修養。在工作中，難免會遇上難以說服的人，他們對你的苦口婆心和推心置腹總是無動於衷，甚至還會冷言相譏。遇到了這種情況，你就沒有必要再想方設法運用語言來說服他了，而是應該適當地採取一下沉默的方式來進行應對。當你有事拜託別人時，沉默最適合派上用場；當你在談判、溝通，遇到僵局時，不妨使用沉默，對打破僵局會產生某種程度的效能。

# 41 軟硬兼施的高效溝通技巧

　　FBI在向知情市民與犯罪份子打交道的時候，既不一味地強硬，也不一味地軟弱。在很多時候，他們都會採取軟硬兼施的方式來和人進行溝通。

　　FBI內部培訓講義裡指出，在與人打交道的時候，誰都希望在一個和諧愉快的氣氛中完成溝通，和和氣氣地達成協定。但是，在這個世界上有很多欺軟怕硬之人，如果你一直採用非常溫和的方式來和他們說話溝通的話，他們就會小瞧你，把你的和顏悅色當成軟弱可欺，對你的好言相勸不理不睬，當你做出妥協的時候，他們還有可能會步步緊逼，得寸進尺。遇到了這種情況時，你就應該採取強硬的態度和手段了。另外，為了避免強硬的手段會給對方造成過度的傷害，我們還應該在必要的時候讓自己軟下來。只有做到了兩者相結合，才能有效地進行溝通，達到自己的目的。

　　在現實生活中，有許多交際高手都和FBI一樣，善於使用軟硬兼施的方法來和別人溝通，取得最終的勝利。請看以下的例子：

　　因遺產問題，曾憲梓在泰國的哥哥曾憲凱的多次催促下，於一九六三年動身來到了泰國。他的叔父曾桃發得知消息之後，誤以為是曾憲梓兄

弟要聯手對付自己，於是心裡打定主意要給曾憲梓一個下馬威。

曾憲梓到達泰國後的第二天早上，三個笑容可掬的長輩來到了曾憲梓的小店鋪裡，執意要請曾憲梓去「喝喝茶、吃吃飯」。曾憲梓本想拒絕，但在客氣了一番後，還是隨他們來到了曾桃發的公司裡。

曾憲梓來到曾桃發的公司之後，發現氣氛有些詭異。在場所有人都一臉嚴肅，眾位叔父一改先前親切溫和的態度，紛紛對曾憲梓大加指責：「你太不像話了，一點規矩也不懂。來了泰國這麼久，也不來拜見叔父們。你這算什麼？真不懂事！」

曾憲梓被唸得一頭霧水。因為他在來泰國的當天就已經拜見叔父們了。出於禮貌問題，他沒有爭辯，而是先保持沉默。叔父們見曾憲梓無言以對，就覺得他真是不受教，毫不留情地將其罵了個狗血淋頭。

曾憲梓是一個自尊心很強的人。看到叔父們如此不講理，就不再退讓了。他開始大發雷霆：「是你們太不像話了才對！因為你們是長輩，我本來應該尊重你們才是，但是衝著你們這番血口噴人的話，你們就再也不配得到我的尊重了。」曾憲梓指著剛好從他們面前走過的一個小孩說道，「我這個人，對於講道理的人從來都是尊重的。就是這樣的小孩子，知道做人應該講道理、明事理，我也會很尊重他。但對於那些一點道理都不懂，只會嫌貧愛富，昧著良心拍有錢人的馬屁的老前輩，我反倒是更加瞧不起他們！」

原本氣焰高張的叔父們被曾憲梓這一通猛炮給打懵了，他們囂張的氣焰頓時不見了蹤影，一個個坐在那裡，面紅耳赤，無言以對。曾憲梓見他們有所收斂，也不再難為他們。老練的他自然知道，言辭過於激烈會讓叔父們很難堪，也不利於自己日後在泰國立足。於是，他就開始姿態放軟，不失時機地給叔父找臺階：「叔父憑藉著自己的本事，艱苦創業，才

能一點一滴地建立起像今天這樣龐大的事業。現如今叔父您有錢有勢，那全都是叔父的能耐，叔父的本事，我只會從心裡感到佩服。現在，叔父也大可不必為了這些財產的事情費心勞力，您是我的長輩，您要有話跟我說，派個小孩傳個話，把我叫來就是了。」

軟與硬，是一種溝通策略，或者作為一種交際手段，無論何種場合，不可偏頗。從理論上講，「軟」，體現了友善、涵養、通情達理；「硬」，則顯示尊嚴、原則和力量。在和別人溝通的時候，我們既要講感情，還要看原則，要學會根據形勢變化，靈活運用軟硬兼施的策略，只要是運用得當，就能夠有助於我們構建和諧、美好的工作和生活。

**話術 POINT**

👉在人際交往的種種場合，例如談判交涉、商業來往等等，必須懂得自保方可主動而取勝這一道理。如果一味地「軟」，就與任人欺侮沒什麼差別了。但如果是一直強硬，就比較容易激化對立、在人際交往中處處受到別人的防備，而且還落得到處與人為敵。這兩種情況都是我們不想看到的，為了避免這兩種情況的發生，在與人交往時，我們就要多多運用一下軟硬兼施之道。

# 42 順著對方的話說，阻力最小

　　當別人發表意見、觀點，說出個人的想法時，如果你覺得不對，就必須藉由溝通來和其談判協商，爭取讓對方和自己想法一致。但是，如果你採用處處反駁的方法，不但難以達到目的，還會增加溝通障礙，最終會鬧個雙方矛盾加遽，不歡而散。

　　當某個人表達自己的觀點時，無論是在私人場合還是公共場合，都不能隨意地反駁對方，哪怕是對方的意見漏洞百出，想法荒謬不堪，也不能這樣做，而是要學會順水推舟，以此來減少溝通的障礙，完成溝通任務。

　　或許有人會對這種方法不以為然，他們認為，如果別人發表的觀點是不正確的，自己若不立即採取急救措施，反而聽之任之，是縱容別人犯錯的不負責任行為，不但會讓別人錯上加錯，也會讓自己的利益受到損失。誠然，這樣的想法是有一定的道理，但是我們應該明白，順水推舟並不是聽之任之，也不是睜一隻眼閉一隻眼，更不是沒有原則地妥協退讓，而是為減少溝通阻力而採取的一種手段。因為每個人都不想自己的意見受到別人的反駁和批評，而是喜歡以委婉相告的方式來讓別人表達不同意見。

　　心理學家告訴我們：「每個人的心裡都會對不同的意見產生反感，尤其不喜歡有人當面反駁自己。如果有人在大庭廣眾之下將自己的意見駁斥得

體無完膚，他心裡就會不痛快，會起疙瘩，會對那個反駁自己的人產生敵對的心理。」當一個人對你產生敵對心理時，那麼，溝通結果就可想而知了。

那些處處反駁別人，總想和別人比較出個高低的人與那些懂得妥協退讓，能夠順水推舟的人相比，兩者在受歡迎的程度上，是天差地別的。也就是說，懂得妥協退讓，能夠順水推舟的人在與別人溝通的時候，遇到的阻礙就會少一些，取得成功的機會也會大一些。

FBI是怎麼樣做到順水推舟的呢？他們總結出了如下幾種方法：

## ❶ 適時地裝糊塗

FBI說，想要減少溝通的障礙，讓對方想說話，多說話，自己就要收斂一下，不過分賣弄、炫耀，而是要揣著明白裝糊塗。因為，絕大多數人的內心都有一種自以為是的情節，誰也不願意讓別人超過自己。如果一個人過分地賣弄自己的學識和見解，勢必會引起溝通對象的不滿。為了表達不滿，溝通對象就會故意閉上自己的嘴巴，不去配合你。所以，要想避免這種情況，我們在與人溝通的時候就要表現得低調一些，學會揣著明白裝糊塗，把說話主動權交給溝通對象。

## ❷ 順勢而為，因勢利導

如果你實在難以接受他人的意見，也不能站起來反駁，而是要在順勢而為的基礎之上因勢利導，這樣就能避免無謂的衝突。

例如：會議上，上司認為產品的包裝不夠美觀。負責包裝設計的人心裡不服

氣，此時就可能會出現兩種不同的聲音，第一種聲音是「我們的產品包裝是採用最頂級的設計方案，和最有實力的設計人員，怎麼會不好呢？」，而另一種聲音則是：「為了提升產品的競爭力，我們有必要對產品包裝進行更新，我們以後會認真落實產品包裝更新工作，為公司帶來更大效益。」很顯然，上司喜歡聽第二種聲音，因為這種聲音維護了自己的尊嚴，回應了自己的意願。

## ❸不暴露自己的想法

一個人雖然不能沒有自己的想法，但在與人溝通時也沒有必要先講出自己的想法。因為你不知道別人是怎樣想的，如果自己表達的意見與對方明顯有衝突，反而增加溝通的障礙。反之，如果你先讓對方表達一下意見，既能表達你對他的尊重，又能讓自己處在一個進可攻退可守的位置，想要順水推舟也就顯得自然從容得多。這樣一來，也避免了矛盾的發生，可以說是一舉多得的上上之策。

**話術 POINT**

☛順水推舟，比喻應順應趨勢採取相應的辦法。在交談中，順著對方的話說，讓其朝著有利於自己的目標發展，最後使對方心悅誠服。既能婉言批評，又可以消除尷尬。當然，順水推舟也要把握時機。人們不是常說：「時機轉瞬即逝」嗎？的確是這樣的，說話的時候，如果不把握住機會，說話的效果就會大打折扣，機會來了就要順著桿子往上爬。

此外，對方的心態決定了對方說話的內容和方式，所以，在談話的過程中要隨時留意對方的心態，弄清他的心理變化，這樣才能把握住機會，順水推舟。

# 43 不讓他說，反而能激起他的溝通欲望

　　我們在看國外警匪電影的時候，經常會看到FBI探員對犯罪份子說出這樣一句話：「你有權保持沉默，但是，你所說的話將會作為呈堂證供。你有權請一名律師，如果你付不起律師費的話，我們會免費指派一名律師給你。清楚了嗎？」這句話就是聞名世界的米蘭達警告（Miranda Warning）。

　　FBI探員在審訊犯罪嫌疑人的時候，非常希望得到對方的配合，也盼望著對方說出實情。但是，為了尊重對方的權利，也允許犯罪嫌疑人有權採取沉默。但是，經過多年的偵查辦案經歷，FBI發現，當你尊重一個人的權利允許他沉默的時候，他反而說得更多。

　　這是因為，如果一再要求嫌疑人說話的話，相對來說就讓自己處於被動地位，也會讓對方覺得你有求於他，使得他心理上非常得意，最終就很難產生良好的效果；反之，你直接告訴他可以沉默，並為他創造沉默的機會，就等於是把他放在了被動的位置上，整個談話場面都是由你來主導。如此一來，對方就會產生逆反心理（Reversal Mind），你不讓他說，他反而偏要說，最後，他就會告訴你他所知道的一切或者是事情的真相。

練習
Tips

　　一九七四年，一名飯店的女服務員在下班之後的路上被一名陌生人強姦。這名女服務員立即打電話報了警。FBI經過調查，將目標鎖定在了一個名叫達西的年輕人身上。

　　探員傳喚了達西。達西來到審訊室，情緒非常激動，揮舞著拳頭，大吵大嚷。FBI審訊人員靜靜地看著他，等他情緒稍微平靜下來之後，就向其宣讀了米蘭達警告：「你有權保持緘默，你所說的一切都將作為呈堂證供。你有權請一名律師，如果你付不起律師費的話，我們會免費指派一名律師給你。清楚了嗎？」

　　達西聽罷，就選擇了沉默，但是，態度顯得非常強硬。

　　審訊人員接著說：「在審訊開始之前，你已經明白了我剛才所說那句話的意思以及我們約談的原則。在這裡我重申一下，傳喚你來並不是確認你就是強姦那個女孩的人，我也不會強迫你承認犯行。如果你願意的話，可以告訴我實情，如果你不願意配合，你可以選擇沉默，因為這是一個美國公民應該享有的權利。當然，你也可以選擇拒不合作，遇到了不想回答的問題可以直言相告，我們絕不強求。但是，需要提醒你的是，無論你選擇哪一種方式，都要考慮好再說。因為，你所說的每一句話都會被記錄下來，最終很可能會變成對你不利的證據。」

　　達西這時的臉色舒緩了很多。

　　審訊人員接著說：「現在我要確認一下，您是否已經聽明白了我剛才說的所有內容。如果你聽懂了，也願意選擇沉默，那就請你幫忙填一下這個表。」說完，他就將一份書面寫有米蘭達警告的緘默表遞給達西。

這時候，整個審訊室裡都陷入了沉默，除了牆上的鐘錶聲之外，再也沒有其他的動靜。審訊人員靜靜地盯著牆壁看，而達西卻渾身冒汗，越來越坐立難安。過了一會兒，他告訴審訊人員：「我願意和你們配合。」

FBI說，在很多案子往往是警方願意給對方提供沉默的權利而對方卻主動放棄。越是不讓他們說話，他們就越不安。為了減輕心理壓力，他們就會主動交代，老實坦白。因此，在必要的時候，完全可以用這種方式來突破溝通障礙，讓對方主動與你進行溝通。

其實，在現實生活中我們也完全可以運用這種方式來和別人進行溝通。比如，當你和一個意見相左的人進行溝通的時候，對方會因為分歧太大而不想和你多說話。在這個時候，你就完全可以把這場溝通當成「獨角戲」，由自己來講述個人的觀點。當對方聽了你的觀點之後，難免就會有些想法，而覺得如鯁在喉，不吐不快。於是，不用你請求，他就會開口說話，告訴你他是怎麼想的了。

**話術 POINT**

在交流時，強迫對方說話，就容易激起對方的反抗之心，反而會使他把嘴巴閉得更緊。這就好比是蛤蜊，很你越是急著打開牠，牠就會閉得更緊。任何人一旦被人指示或命令，就會本能地產生反抗心理，當你禁止他做的時候，對方往往會不聽你的勸阻，繼續去做。當你想套對方的話的時候，就要擺出一副「隨便你要不要說」的姿態，他反而會憋不住，而說得更多。故而，在一定的情況下，我們就應該和FBI一樣，以讓對方沉默的方式來誘導其開口說話。

# 44 真誠溝通，以「忠告」方式最佳

　　對犯錯誤的人提出意見並進行批評是溝通中的一大課題。這種溝通比較容易得罪人，因此，許多人難免會有些膽怯和不情願，在語言表達上也難免會遇到一些障礙。但是，如果放棄這種溝通就是不負責任的表現。那麼，究竟怎樣做才既能達到目的又不得罪人呢？

　　FBI告訴我們，在這種情況下，就應該與對方推心置腹，以真誠來感動他。當然，真誠的態度還需要正確的表現形式，這個正確的表現形式就是「忠告式」批評。「忠告式」批評比那種聲色俱厲、措辭強硬的方式更能產生良好效果。

　　為了證明這一點，FBI給我們講了一個故事：

　　有一名建築公司的安全督察在視察工地的時候，發現有一些工人沒有確實戴上安全帽，就把他們叫到跟前，狠狠地批評了一頓，嚴厲要求他們戴好安全帽。在大庭廣眾之下受到批評的工人非常不高興，雖然都按照要求戴上了安全帽，但等安全督察一離開，就馬上把安全帽扔到了一邊。

　　後來，安全督察就改換一種方式。當他再發現工人沒有確實戴安全帽的時候，就改變了那種不管三七二十一就訓示的方式，而是先開口詢問工人是不是帽子戴起來不舒服，是不是帽子的大小不合適。然後用誠懇的態度與他們溝通：戴好安全帽是對自己生命的尊重和愛惜，也是對家人負責的表現，最後再懇求工人們在施工的時候把安全帽戴上。結果，工人們

都很樂意地戴上了安全帽，並且等他離開後也沒有摘掉。

對別人進行規勸或者是勸阻的時候，要想順利達到預期效果，首先要做的，就是要讓對方把話聽進去。從上述這個故事中，那位安全督察後來使用的這種拐彎抹角的、略帶「忠告」的批評，效果明顯就比那種高高在上、聲色俱厲、生硬冰冷的方式好得多。由此可見，「忠告式」的批評不僅能夠有效顧及對方的自尊心，給他留足面子，令其信服。

當然，真誠溝通，以「忠告式」提出批評只是一個大致的方向，要想把握好這個方向，不僅需要良好的意願，還需要有正確的方法。那麼，怎樣提出忠告才能夠讓別人愉快地接受呢？請看以下幾點建議：

## ❶ 忠告要誠心誠意

向別人提出忠告或建議，首先就要讓對方瞭解到你對其誠心誠意的關懷。如果你只是一味地去批判，沒有表達出你的真誠與關心，他們很可能就會對你產生敵視和厭惡的情緒。

對別人提出建議、勸告，要懷著體諒的心情。或許，他們在某些方面的表現的確不盡人意，但更可能是因為他們有著難言的苦衷，因此，我們就應該體諒一下他們的難處，不能只用事實說話，一味地去責難他。

## ❷ 要以事實為根據

建言要想取得良好的效果，我們就要在瞭解了真實情況後再提。只有在瞭解

了事實真相後，才能清楚地做出判斷是否有必要提出忠告，以及選擇什麼樣的忠告角度。如果只是道聽塗說，捕風捉影，對得到的資訊不加以分析，武斷而又輕率地提出批評意見，難免就會引起聽者的反感。

## ❸注意場合

在提出批評或忠告時，即使對象是你的下屬，也要注意場合，最好是私下裡說，萬萬不能在大眾之下進行。如果有第三者在場，無論你說的話多麼誠懇，你的意見多麼正確，都不可能有效果。因為這樣做會讓受批評方覺得很沒有面子，你話說得再中肯，他是一句也聽不進去。你所有的努力也就有了「裝」的嫌疑。

## ❹選擇恰當時機

在對方感情衝動的時候，我們最好閉嘴。因為建言或勸說，在他衝動的時候，理智根本發揮不了半點作用，他也判斷不出你的真意。這時進行忠告，非但不能解決問題，反而還會讓事情朝著相反的方向發展。

**話術 POINT**

👉當我們要指正別人的失誤時，就應該以真誠的態度，選擇忠告的方式，用忠告來代替批評，唯有如此，才能夠發揮良好的效果。萬萬不能因為自己「有理」而採取激烈的態度，用尖刻的言辭去打擊對方，傷害對方，而是要處處為別人留面子。如果你在對待他人的失誤或錯誤時，只知道一味地的批評，不考慮他的心理承受能力和面子，就很可能會引起對方的反感和敵視，更不利於溝通。

# 45 故意製造懸念，吸引對方注意

　　當一個人聽到一些不可思議的話題時，就會產生半信半疑的心理，一方面他們認為這是不可能的，另一方面則按捺不住好奇之心，在下意識裡會想豎起耳朵、瞪大眼睛去一探究竟。

　　在面對那些狡點而又頑固的犯罪份子時，FBI通常都會故意製造出一些懸念出來，以此來吸引他們的注意力，進而從他們的反應中找到案件的突破口，最終將其繩之以法。

　　那麼，要怎樣故意製造懸念呢？我們提供了如下三種方法：

## ❶故意提供一些有悖於生活常識的資訊

　　如果你向一個人提供的訊息都是生活中經常見到和聽到的東西，就會缺乏吸引力，更難以引起對方的好奇心和注意力。缺乏吸引力的懸念稱不上懸念，充其量不過是無用的陳述罷了，因此，在製造懸念的時候就要多一些逆向思維，故意提供給對方一些超出了預想範圍或者是生活習慣的資訊。只有這樣，才能夠讓對方覺得不可思議，進而為了一探究竟而分散注意力。一旦對方的注意力有所分散，那麼他就會失去原有的清晰意識和理性，甚至還會忘了當初的計畫。如果你

製造的懸念能夠達到這樣的目的，那麼，你就成功了，就意味著談話的主導權已經完全掌握在了你的手裡。

## ❷ 人為地製造「珍貴資訊」

想要吸引對方的注意力和好奇心，就應該瞭解到他最需要的是什麼資訊，然後攻其所好。比如，一個犯罪嫌疑人最關心的資訊則是警方是否已經掌握了自己的犯罪證據、與自己一起犯罪的人是否被抓，是否出賣了自己、如果被判刑的話，自己會被判多少年之類的內容。因為這些資訊關乎著他們的切身利益，而他們又無法透過其他的管道得到。在這種情況下，如果FBI能夠向其透露出一些這方面的資訊的話，必定能夠引起他的注意力。最後，他也會在明明知道這是警方故意製造圈套的情況下也要往裡跳。最後，犯罪嫌疑人就會在FBI的循循誘導之下，老實供出自己的犯罪事實。

其實，在現實生活中也是如此，利用人為製造「珍貴資訊」的方式來吸引他人注意力的例子比比皆是。比如，在課堂上，老師賣力地講解著課本知識，而學生則交頭接耳，嘰嘰喳喳，不把心思放在聽課上。如果老師大聲呵斥，強調紀律或者是宣佈懲罰措施的話，或許能夠讓課堂暫時靜下來，但過不了多久學生們就會「舊病復發」。因此，聰明的老師很少採用這種「鎮壓」的方式來迫使學生安靜下來，他們通常都會故意製造一些珍貴資訊，告訴心不在焉的學生：「接下來我講到的知識是考試時常考的內容，也是最容易失分的地方，如果考試的時候再不會，可別怨我沒有說。」話才剛說完，那些嘰嘰喳喳的學生們就會馬上住嘴，兩眼緊緊地盯著老師看，調動全身的注意力，豎起耳朵認真聽，唯恐聽漏了重要的內容。這樣一來，課堂安靜了許多，老師就可以順利地把課講完。

## ❸提前通知，引起別人的注意力

　　FBI犯罪心理研究專家說，一個人對某件事情的注意力不會維持太長的時間，如果超出了忍耐範圍，他就會失去興趣和耐性，更會失去好奇心，等到下次在遇到類似的情況之後，他們就會下意識地選擇躲避。為了預防出現這種情況，就要利用提前通知的方式來引起他的注意力。因為提前通知能夠給人帶來期待，提高人們對即將發生而內容卻是未知的事情感興趣。

　　提前通知不僅僅是FBI與人溝通時的專利。在現實生活中許多人也都會利用這種方式來吸引別人的注意力。比如在招商引資時，面對那些「唯利是圖」而又「老奸巨猾」的投資商們，企業家既不會和他們拉關係，也不會唾沫亂飛地講一些逢迎的讚美語言，而是這樣說：「以下我將用五分鐘的時間向您介紹一下該項目的發展前景以及盈利情況，然後再用上十分鐘的時間為您介紹這個項目的風險率和投資回報率，如果您覺得滿意的話，我們再用十五分鐘左右的時間向您介紹投資該專案時需要注意的事項和問題。」──這種提前通知的方式能夠產生非常有效的效果，因為他提前告訴了投資商一些重要的資訊，在接下來的時間就會滿懷期待地等著招商人把話講完。

**話術 POINT**

　　☛人都有好奇心，一旦心中有了疑慮，就一定要探個明白不可。所以，如果能適時地故弄一下玄虛，引發聽者強烈的興趣及好奇心。並在適當的時候解開懸念，使聽者的好奇心能得到滿足，而此時這場對話的主導權就已經完全掌握在你的手裡了。

# 46 巧妙打斷，讓對方的思路跟著你走

在交際場合，我們既不希望遇到悶葫蘆，更不希望遇到喜歡顧左右而言他的有心人士。後者其實比前者更可怕，因為他們看似非常熱情，實際上對你卻處處提防，他們提供的資訊雖然豐富，但卻沒有任何價值。和這樣的人交流，是一件非常頭痛的事。因為在這個時候，你非但不能從他的口中得到有效資訊，還會遭到他的「綁架」，跟著他的思路走。

那麼，怎樣才能從這些人的手中奪回主導權，讓其按照你的思路去行事呢？FBI內部培訓講義提到，這就需要利用打斷對方談話的方式了。——有很多人對這個方法感到不解：「打斷別人的談話」是非常不禮貌的行為，為什麼FBI卻提倡這種談話方式呢？

FBI探員告訴我們，這種方式是迫不得已而為之的選擇，本質上是以其人之道還治其人之身的反擊形勢。畢竟，是對方不講道德在先，因此，在運用這種方法來和那些過於精明的人溝通時，心裡就沒有必要存在多大的道德壓力。

在偵察工作中，探員們會遇到一些比較難纏的對手，他們非但不配合調查，反而還想玩弄FBI探員於股掌之間。他們看似非常熱情，有問必答，實際上卻是在處心積慮地騙人。遇到了這樣的人，FBI絕不輕易上當受騙，更不會妥協，而是採用打斷其談話的方式來挫敗他的陰謀，最終還會透過一系列的追問來讓他乖乖投降。在現實生活中，如果我們碰到了這

樣的人，也應該和FBI一樣利用這種方式來重新奪回對話的掌控權，「刺對方於馬下」。

有一名大學畢業生到某家公司面試。老闆非常欣賞他的才華，表示願意雇用他。但是，在談到薪資待遇這個部分時，卻語焉不詳，不給出一個具體的數字，反而大談特談該公司的發展前景、能促進員工的發展、成長之類的話題。這名大學生聽了滿心不舒服，就準備刺激他一下。他假裝認認真真地聽著，然後趁老闆喝水的當口，對老闆說：「感謝您的信任，如果我的加入可以使公司的生意更上一層樓，哪怕要我獻出性命也心甘情願。」

老闆聽到這句話時，自然十分得意，高興地大笑起來。沒想到面試者卻話題一轉，一本正經地說道：「我是很真誠地表達自己的想法，而您卻在這裡嘲笑我的誠意，您是不是看不起我，認為我不能勝任這份工作，既然這樣的話，那我還是走吧。」說完就轉身離開了。

老闆一看，頓時傻了眼。這麼優秀的人才他可不想白白放走，於是他就趕緊叫住他，並向其承諾一定會給他一個比較滿意的待遇。

接著，談話的主導權就完全掌握在這名面試者的手裡，老闆只有微微應諾點頭稱是的份。最後，老闆給他非常優渥的待遇。

這名面試者可以稱得上是談判的高手。在和老闆交流的時候，他沒有落入老闆的圈套，也沒有因為識破對方的陷阱而面露不快，而是採用巧妙打斷其講話的形式輕鬆扳回了局面，讓老奸巨猾的老闆應對不遑。最後，他非但沒有落入老闆的圈套，反而牽著老闆的鼻子走，為自己談了個不錯的薪水待遇。

　　巧妙打斷對方的談話重點是「巧妙」，而不是「打斷」，在這一個問題上，還要注意如下幾點具體的原則：

## ❶ 學會觀察時機

　　當一個人滔滔不絕、口沫橫飛地侃侃而談時，很可能會讓你感到非常洩氣，認為對話的主導權已經完全掌握在對方的手裡，你無可奈何地扮演著陪襯者的角色。如果你這樣想的話，就再也不能扳回局面了。其實，只要是細心觀察，總能找到機會，比如，對方喝水的時候、停頓的時候，都是你打斷其講話的好時機。

## ❷ 注意態度，不要太強硬

　　打斷對方談話不是吵架，因此，一定要掌握好分寸，注意一下自己的態度，不能說「你講夠了沒有」之類的話。如果你說出了這些話，就等於是向對方宣戰，也容易導致雙方不歡而散。

## ❸ 問話要問細

　　當一個人向你吹噓炫耀某些東西的時候也是其吹牛說謊的時候。謊言無論多麼完美，都經不起細節的推敲，在這個時候，如果你故意向他詢問細節性的問題，很容易就能戳破他的謊言，不得不拱手讓出談話主導權。

　　巧妙打斷對方的談話是一個高明的交流方式。因為這是對自以為很聰明的人最有力的還擊，也是將說話主導權牢牢地握在自己手中的有效方式。像是「我也這樣想！」就是一個很好打斷對方說話的好用句。而且當你用「我也是這樣想！」這句話順利把話接過來之後，對方也已經對你這個人（這段話）有了好感，也不會因被你插話而有情緒上的不快。你只要運用這句話就可以成功取得發言權，而且不只是把發言權搶過來，也由於你是藉由同意對方的說法把他的話打斷，也營造了一個假像：就是你接下來要說的話，他理應會認同，這樣一來他是不是就會乖乖地「聽你講話」，而不只是單單地「讓他閉嘴」而已。

## 步步緊逼的發問，摧毀對方心理防線

　　FBI在審訊犯罪份子的時候，經常會採用步步緊逼發問的方法來「逼迫」對方交代犯罪事實。在FBI看來，犯罪份子被抓之後，依然會存在著一些僥倖心理，認為只要自己不開口，打死不認，警方就會無可奈何。為了讓其開口。探員們就會在審訊的時候提出讓其猝不及防的問題，並步步緊逼，以此來摧毀他的心理防線。

　　一次，FBI調查人員破獲了一起殺人事件，將犯罪份子逮捕歸案。但是，卻沒有找到殺人工具，儘管許多輔助性的證據都將矛頭指向了這名犯罪嫌疑人，但還不能將其定罪，從而讓案情進入膠著狀態。因此，狡猾的犯罪嫌疑人百般抵賴，堅稱自己是被冤枉的。

　　最後，FBI調查人員決定採用連續發問的方式來對犯罪嫌疑人進行審訊。兩名探警來到審訊室，一名探警負責不停地發問，另一名探警則留心觀察犯罪嫌疑人的表情變化。

　　「死者和你是什麼關係？」

　　「你為什麼要殺死他？」

　　「你使用的工具是鐵棒嗎？」

　　「你是用刀叉把他殺死的嗎？」

　　「你使用的是剪刀嗎？」

　　「你使用的是扳手嗎？」

「你使用的是手槍對不對？」

犯罪嫌疑人表現得桀驁不馴，對探警始終嗤之以鼻。不過，探警並沒有洩氣，而是繼續追問，提問的問題一次比一次尖銳，聲音一次比一次大，最後，犯罪份子招架不住，乖乖地交代了用扳手殺人的犯罪經過。

FBI在實際審訊的過程當中，經常會到這樣的情況：調查人員在向一個犯罪嫌疑人提出問題時，犯罪嫌疑人不是嘴巴緊閉，一臉不屑，就是顧左右而言他。在這個時候，作為提問者的一方，如果情緒失控，就掉入犯罪嫌疑人精心設計的圈套之中。在這種情況下，需要做的不是急躁與憤怒，而是要讓自己鎮定下來，調整情緒，以連珠炮的問話去擊垮對方的心理防線，奪回對話主導權。

在現實生活中，有一些人非常固執，不願意傾聽別人苦口婆心的勸說，推心置腹的交流。在他們看來，別人的規勸就是懇求，道理就是誘惑。因此，他們就會百般抵制，拒不聽從。碰到了這種情況，如果採用常規的交流方法的話，就會讓自己處於下風，成為溝通交流的弱勢者。要想取得良好的效果，就應該改變戰略，用步步緊逼不斷發問的形式來發起猛烈的攻擊，擊垮他的心理防線。

當然，步步緊逼發問的溝通方式，還需要掌握一定的方法，注意一些必要的事項。那麼，究竟該如何做呢？FBI給我們提供了以下的參考意見：

# ❶保持自信的心態

在很多時候，我們會面對一些內心強大態度蠻橫的溝通對象。他們的身上存在著非常強大的氣場，如果你沒有強大的膽識和自信的話，很可能就會對其產生一種恐懼，也會在不知不覺之中被對方所控制。一旦被對方控制了，那麼，無論你的道理多麼正確，準備得多麼充分，都無法派上用場。由此可見，一個自信的心態何等重要。

# ❷問話要抓住重點

步步緊逼的發問並不是說問的問題越多越好。如果你提問的問題與談論的話題無關，盡是一些不痛不癢的話，那麼，就難以產生良好的效果。故而，在步步緊逼提問之前，你應該瞭解到什麼是重點，哪些問話可以有效地擊垮對方的心理防線，如果不能，最好別說，免得浪費口舌，也讓對方小瞧了自己。

# ❸問話時不要進行人身攻擊

步步緊逼的提問，有助於增強自己的氣勢，但也很有可能出現另一種情況：激怒對方。如果對方一旦被激怒，心理防線非但不會垮掉，鬥志反而會更強化，如此一來，就很有可能引起一場戰爭。那麼，怎樣做才能既不激怒對方又能有效地擊垮他的心理防線呢？其實，非常簡單，只需牢記不對對方進行人身攻擊就可以了。畢竟，一個人的惱羞成怒、義憤填膺、怒不可遏多是在人格受到了攻擊，自尊受到了傷害之後才會發生的反應。如果你的逼問只是就事論事的話，那麼，對方也就只有屈服的份而沒有憤怒的可能了。

☛你一定在電影上看過那些老謀深算的律師，在法庭為被告辯護時，就是採取連續性發問法，一步一步誘發原告說出對被告最有利的情況。所以，要想取得良好的效果，就應該善用用步步緊逼不斷發問的形式來發起猛烈的攻擊，問題一個接著一個地問，讓對方沒有時間做過多的思考，就是要讓對方感覺到強烈的「壓迫感」，以強大的火力粉碎對方的幻想，擊垮他的心理防線，讓對手無力招架，直到對方給出你要的答案。

當你向別人發問，你可以連續不斷地追問下去，最後使對方不得不說「好」。如果你希望對方說「好」或「是」，你不可以用具有否定性語氣的發問方式。如果你發問的內容會使對方產生不安的預感，那麼你不可能期待他說「好」或「是」。

# 48 不露深淺，別讓人輕易看透

　　在人際交往中，很多人都比較喜歡和一些心無城府的人打交道，因為這樣的人比較坦率，從來不會藏著掖著，在待人接物上也顯得比較誠懇和熱情。不過，一個胸無城府的人會因為過於單純，不瞭解社會的險惡和人心的叵測，而輕信於人。這樣就給一些別有用心的人造成了可乘之機，給他帶來一些麻煩和損失。因此，對於我們來說，要想避免上當受騙，最好還是要在一些事情上要有些城府，做到不露深淺。

　　如果有人向你滔滔不絕地灌輸資訊，而你對他說的話感到懷疑而又抓不到證據的話，就不妨先不要表態，而是採用沉默、漠然、反問等方式來應對，營造出一股神秘感，他就不敢再妄想騙你了。

　　FBI探員們就經常使用這種方法來與不肯合作的人進行溝通。

　　羅伯特是FBI的一名主管，一次他向下屬交代一項非常艱巨的任務。他在交代完畢之後，下屬們紛紛開始抱怨。有人說：「我們部門人手有限，完成這麼大的工作量簡直就是癡人說夢」另一人說：「我們經驗不足，制定這麼大的工作量簡直就是強人所難」，還有人說：「人手不足經驗優先倒不是什麼大問題，只是時間太倉促了，能不能寬限些時日？」

看著叫苦連天的下屬，羅伯特沒有任何表示，只是坐在那裡靜靜地看著他們。下屬們見他不說話，先是覺得沒趣，後來又感覺到羅伯特似乎知道了自己的心思，只好裝作經過一番內心鬥爭的樣子，歎了一口氣，說道：「好吧，既然任務制定下來了，那就一定要努力完成它。」說完之後，他們就退出了辦公室。等到下屬們關上房門之後，羅伯特的臉上露出了一絲不易覺察的笑容。

羅伯特當然知道這項任務有困難，不過他也知道，只要是下屬們盡心盡力地去做了，就一定能夠完成。因此，在下屬們抱怨的時候，他就一言不發，這樣一來，下屬們只好收起那些藉口，把精力投入到工作中去了。

越是不露聲色的人就越顯得神秘，也就越能夠體現出他的威嚴和城府，從而發揮震懾他人的良好效果。因此，聰明的人就要把自己的真實情感隱藏起來，不讓別人窺視自己的底細和實力。

在某個商場中，顧客經過一件件的比較，看上了一件款式新穎的服飾，她拿起衣服看了又看，滿臉歡喜。精明的售貨小姐看到後，就主動上前招呼：「小姐，您的眼光真是不錯，這件衣服簡直就是為您訂做的，如果您穿著這件衣服上街的話，絕對能引來旁人欣賞的目光。」

顧客只是笑笑，並沒有說話。

售貨小姐接著就說：「這件衣服的標價是2000元，如果您要是有喜歡的話，我可以給您VIP的八折價。」

顧客聽了之後，依然是沒有說話，嘴角上還露出了一絲嘲諷的笑意來。售貨小姐看了，有些喪氣，就問道：「依您看，多少價位才算合適呢？」

顧客並沒有從正面回答，而是冷冰冰地說了一句：「你這裡的衣服

比起別家普遍貴多了。」

　　但是眼看顧客仍然不肯說出實際價格，售貨小姐雖然很洩氣，還是強打起精神，繼續說：「這麼著吧，看您這麼識貨，1400元怎麼樣呢？」

　　顧客感覺這個價格還是有點高，就繼續擺出一副不屑的表情。售貨小姐看了，覺得很奇怪，心想：她不離開就說明她喜歡這件衣服，她不說話難道是知道了這件衣服的真實價格卻不願意說出來，只想捉弄一下自己嗎？接著又想，算了，還是別耽誤時間了，把真實價格告訴她吧，雖然少賺點，但總比沒成交強。於是，售貨小姐就帶著懇求的語氣對顧客說：「算了，我是真服了你了。好了，我也不兜圈子了，這件衣服的售價是1200，你要是喜歡呢，就買下它，如果覺得價格還是有點高，我就真的無能為力了。」顧客見目的達到了，這才掏錢把衣服買走。

　　這個顧客可能不太精通討價還價，但是她能夠做到揚長避短，不露神色。無論售貨小姐怎麼說，她都不做出正面反應。售貨小姐看到她一副高深莫測的樣子，心裡發虛，為了能夠把衣服賣出去，只好主動降價。

**話術 POINT**

　　在別人佔據了對話上風，主導整個談話，而場面對你又不利的時候，你沒有必要驚慌失措，更沒有必要任人擺佈，也不用大動肝火，而是應該保持一種喜怒不形於色的態度。這樣一來，對方就無法從你的表情和情緒中看穿你的心思，更沒有辦法去主導下一步的談話，接著，他就會因為心虛而產生恐懼的心理，從而在強大的心理壓力之下不得不照你的意思行動。

# 49 微笑是給朋友的，而不是給敵人的

　　我們知道，在和人打交道的時候誰也不願意碰到一張冷冰冰的臉，而是希望遇到一個親切和善的面孔，一張微笑迷人的表情。不過，這並不是說在與人溝通的時候，無論遇到了任何情況都要以微笑對待別人。事實上，在某些情況下，微笑非但不能成為溝通的利器，反而成了交流的阻礙。

　　如果我們想和友善的人交往，就要表現出親切迷人的笑容，建立和諧愉快的溝通氛圍，以此來感化對方，進而達成共識。但是，如果遇到了非常自負、態度惡劣而又不願意和你進行合作的人，說話時就應該表現得嚴肅一點了。因為在這個時候，微笑非但不能感化對方，反而還會讓他認為你是一個老實可欺的人；如果在正常談話中，你從頭到尾都面帶笑容的話，那麼，交流的主導權就會牢牢地掌握在對方手中，而令你處於下風，只能扮演陪襯者的角色。到最後，你就可能會被其「綁架」，在不知不覺之中按著他的思路去辦事。

FBI探員羅格是聯邦調查局裡的「冷面殺手」。他相貌平平，中等個子，卻因為那張不苟言笑、不怒自威的面孔而讓那些高大魁梧的嫌疑犯們望而生畏。哪怕一個罪犯表現得多麼固執和強硬，一旦落在羅格手中就只能束手就擒，坦白招供。

在審訊犯人的時候，一些探員通常都會採取曉之以理、動之以情循循善誘的方法去和犯罪份子溝通。在絕大多數情況下，也都能夠取得非常好的效果。但是，一旦碰上了狡猾的犯罪嫌疑人，這種溝通方式就無法奏效。遇到這種情況時，探員們就會請羅格出面，讓他來進行審訊。羅格來到審訊室之後，常常是一言不發地坐在犯罪份子面前，面若冰霜，眼睛一直盯著對方看。結果，犯罪份子被看得心裡發毛，精神崩潰，最後不得不老實交代犯罪事實。

其實在私底下，羅格並不是那種驕傲自大、待人冷淡的人。無論是對待同事還是朋友，他都非常熱情，臉上經常掛著親切的微笑。只不過，在面對犯罪份子的時候他才會擺出一副高高在上、冷漠嚴肅的面孔出來。有人對他這種「變色龍」的做法很不解，就問他：「為什麼你見到犯罪份子的時候總是不苟言笑呢？」羅格回答說：「微笑是給朋友的，而不是給敵人的。對朋友來說，微笑能夠傳遞友情和親善，但是對敵人來講，微笑卻代表著懦弱和敗相。」

在一個態度蠻橫、自大、自以為是的人面前，如果你給他一副燦爛的笑容，就會讓他覺得你老實可欺，好說話。他就會想辦法轉移你的注意力，讓你跟著他的思路走。如果你不苟言笑，表現得非常嚴肅的話，就顯

得比他更強勢，就可以對他的心理他產生較大的震懾作用，讓他不敢造次，不得不臣服於你，聽從你的安排。」

笑容能夠融化別人心中的堅冰，而嚴肅的表情則能衝擊對方的心理防線。這句話的另一層意思就是一個人的笑容越多，給人造成的壓迫感就會越低，在與人交流的時候所帶來的威信就會越低。嚴肅的表情雖然會給人以冷漠的感覺，會拉開與別人的距離，但這種表情卻容易引起他人的敬畏，使其不敢貿然相欺，在交流溝通的時候也不敢討價還價，甚至連大聲說話都不敢。

在生活中有很多成功人士都會在公共的場合中表現得很嚴肅，以此來征服別人，比如希特勒。即便他剛才還在親信們面前哈哈大笑，可是當他轉過身來面對大眾或者是媒體的時候，肯定會換上嚴肅的表情，還有俄羅斯總統普欽，他總是以嚴肅的面孔出現在電視機和公共場合前，給人一種不怒自威的感覺，人們也會因之而不敢造次。

**話術 POINT**

☛這個社會上存在著許多欺軟怕硬的人。你表現得弱勢一些的話，他就會對你吹鬍子瞪眼，吆五喝六，頤指氣使，把你當奴才看；如果你表現的非常強勢，他就會心裡發虛，對你言聽計從，不敢反抗。因此，對待這樣的人，就沒有必要表現得太親切，也用不著給他們笑臉，而是要以嚴肅的表情面對，以此來打擊他的氣焰，震懾他的心理，讓其按照你的意願去說話，去做事。

# 50 分散對手注意力，掌握談話主導權

一位經常與犯罪份子打交道的FBI探員說：「每次和犯罪份子進行較量的時候，最好的辦法就是分散他們的注意力。因為他們的注意力太集中的話，其抵抗的時間就會很長，也會以全部心力來和你爭辯，這種情況對審訊人員非常不利，很可能會導致審訊的失敗。而分散了他們的注意力，則能夠在最短的時間之內從其口中問到更多真實的資訊。」

其實我們可以毫不誇張地說，生活就是一個沒有硝煙的戰場，我們每天都要和形形色色的「對手」進行較量。要想在較量之中勝出。我們就應該做到這位FBI探員所說的那樣，分散對手的注意力，擾亂他們的心神，有效地瓦解對方的心理防線。

當然，分散對手的注意力只是一個大致的方向，要確實做到，還需要掌握一定的方法。接下來，我們就來學習一下分散對手注意力的方法。

## ❶旁敲側擊，對正題不要有太多的涉及

想要分散對手的注意力，就應該掌握對手的心理。當你和一個人談判的時候，談判對手會將全部精力、注意力集中到談判內容上。在這種情況下，你和他

過多地談論與正題有關的內容，很難佔據主導地位，甚至還會處於下風，FBI們深知這一點，因此，他們在和犯罪份子或者是知情人談判的時候，很少談論一些和案件相關的內容，而是多講一些與案件不相干的話題，通過旁敲側擊的方式來轉移對方的注意力，同時也從那些表面上與案件不相干的內容中探聽到自己所需要的資訊。

這種方式比強迫審訊要有效得多。畢竟，直接詢問具體的事情會激起對方的反感和保護意識。使用旁敲側擊的方式，雖然耗時長一些，但卻能達到非常好的效果。這種方式也完全可以應用到實際生活中來，比如醫生在向患者詢問病情的時候，為了得到最準確的資訊，往往就會採用旁敲側擊的方式去打聽。

## ❷從對方的興趣入手，逐漸轉移對方的注意力

美國聯邦調查局的一名高級警官說：「犯罪嫌疑人的戒備心理一般都比較強，在接受審訊時，他們都會選擇沉默。不過，他們都有自己感興趣的事物，那些感興趣的事物既是他們犯罪的來源，也是讓他們開口的最佳突破點。」由此可見，對某項東西感興趣不僅僅是行動的動力，同時也是分散一個人注意力的最佳入口。

興趣是一個人的第二生命。一個人一旦對某項事情有了興趣，就會投入極大的熱情。同時，如果有人願意和他談論和興趣有關的話題的話，他就會有覓得知音的感動，在高興之餘也就會自然放鬆，說的話也要比平常的時候多一些。

在工作上，如果我們和一個戒備心理比較強的人對話，要想分散他的注意力，就可以事先了解一下對方的興趣。從對方的興趣入手，可以有效地降低他的防備心，拉近彼此間的距離，同時也能麻痺他的意識。只要是你順著對方的興趣談下去，然後再向正題慢慢滲透，最後一定能夠有效地控制對方，從而實現自己的目標。

## ❸故意提出反對意見，混淆視聽

從心理上來看，很少人會喜歡聽到反對意見。無論別人的反對意見多麼正確，都會引起對方心理上的一些不愉快，如果對方是一個心胸狹隘的人，聽到反對意見之後還可能會怒氣高漲。我們瞭解了這一點，也就明白為什麼可以用提出反對意見的方式來分散別人注意力的原因了。

當你向你的對手提出反對意見的時候，他的注意力就會轉移到那些反對的意見上，為了證明自己的正確性，他們就會採取種種激烈的方式來進行反擊，如此一來，也就會方寸大亂，你的目的也就達到了。

**話術 POINT**

👉在工作和生活中，很多人都會有這樣的經歷：當自己做了一件自我感覺不錯的事或者是提出了一個想法非常不錯的方案之後，原本是希望能夠得到別人的欣賞和讚揚，沒想到卻被批得一文不值，他就會意志消沉，情緒低落，同時對提出反對意見的人相當不滿。此時的他，注意力已經完全不在自己所提的方案上了，而是轉移到了對別人的怨恨之中。因此，我們在談判中若是想有效分散別人注意力的話，就可以有意識地去激怒一下他，故意提一些反對的意見。

# 51 用等待耗盡對方精力，主導整個談話

一個人在精神飽滿的時候，注意力就比較集中，警惕性也要比平常高出許多，當精神出現疲憊的時候，情緒上就會有些不耐煩，注意力就會比較渙散，警覺性也會隨之降低。FBI探員們深諳這一點，因此，他們經常會想方設法拖延時間，消耗對方的精力，在對方精疲力盡之際發動「突然襲擊」，以激烈的方式去進行審訊。無數個審訊事實證明，這種做法非常有效，不出幾個回合，犯罪份子就會乖乖就範，對犯罪事實供認不諱。

我們可以再看一下以下的故事。美國一家飛機製造公司和日本一家航空公司進行商業談判。在談判之前，美方精心挑選了最精明能幹的核心菁英組成一個談判團，希望能夠在談判桌上壓服對方。

談判開始，雙方沒有按照慣例在一些具體的問題上進行交涉，而是由美方談以產品宣傳的方式向日方發起了進攻。美方代表團成員們不但在談判室裡掛滿了產品的圖像，還送給每一個日方代表一份宣傳資料。他們這樣做的目的是想用顯示自己公司實力的方式來向日方示威和施壓。

美國公司一名高級主管擔任解說員，他用了整整兩個小時的時間向日方代表們介紹了公司的產品、技術、價位等各方面資訊。在介紹中，這位高級主管很巧妙地增加了一些誇張的語言和一些頗具有活力、花俏的資料。

介紹結束之後，美方高級主管的臉上浮現非常得意的笑容，向日方

代表們問道：「請問還有什麼需要補充的地方嗎？」沒有想到，日方代表根本就不買帳，其中還有一位代表站起來說：「對不起先生，我們還沒有聽明白，您能不能再給我們介紹一遍？」美方高級主管臉上頓時垮了下來，就問道：「在哪些方面你們還不懂？」另一位日方代表站了起來，彬彬有禮地告訴他：「對不起先生，我們全都沒有聽懂。」美方人員感到納悶：「我介紹得已經夠詳細了，你們怎麼還沒有聽懂啊，請問，你們是在什麼時候開始不懂的呢？」第三位代表站了起來說：「從關燈的那一刻起，我們就不懂了。」

美方高級主管心情非常低落，為了能夠讓日方代表聽懂，他只好重新播放幻燈片，再一次對公司的產品和技術進行了介紹。在這一次的介紹中，為了盡快說完，他不得不刪減了一些誇張的成分。等他介紹完畢之後，就有些賭氣地詢日方代表們：「這次總該明白了吧？」沒想到，日方代表們依然是紛紛搖頭，表示無法理解。

美方高級主管徹底崩潰了，其他美方人員也紛紛搖起了頭，他們實在忍受不了再次介紹產品的折磨了，只好對日方代表說：「看來我再詳細講述一遍你們也還是聽不懂了，也只好先聽一下你們的條件了，請你們把貴公司的條件說出來吧。」

這時，一位日方代表開始慢條斯理地將他們的條件說了出來，在介紹本公司條件的時候，他說得非常慢，好像是在給美方代表們做催眠術一樣。美方代表們經過了幾個小時的折磨之後，紛紛變得急不可耐起來，他們心理只有一個念頭：趕緊結束談判，盡快回去休息。因此，他們在傾聽日方代表條件的時候就顯得心不在焉，無論對方說什麼，他們都漫不經心地答應著。就這樣，日本航空公司在談判桌上戰勝了美國飛機製造公司。

練習
Tips

　　在對手最疲累的時間段發動心理攻擊，這是控制他人心理的一個有效方法。使用這種方法的時候，需要注意以下兩點：

## ❶ 掌握好時間，在對手精神不濟的時候發動襲擊

　　一名資深FBI說：「不要和精力旺盛的案犯去纏鬥，他們都有很好的抵抗力，你得學會打『時間差』，等到他們疲倦之時，你再去審問他們，一切就會變得非常簡單。」意思就是說，要趁對手精神不濟的時候發動襲擊。因此，在和對手談判的時候，我們就要做好一切準備，始終保持高昂的精神，再仔細觀察，瞄準時機，快速出擊。

## ❷ 選個好地點

　　FBI在審訊犯人的時候，通常都會選擇在審訊室裡。因為這樣的環境比較安靜，也比較莊嚴，能夠有效地疏散犯罪嫌疑人的注意力，讓其在最短的時間之內出現疲憊的狀態。因此，我們在和對手談判的時候，也應該選擇好地點。比如，自己比較熟悉的而對方卻感到陌生的環境，這樣的環境對於我們來說非常有利，但是卻能讓競爭對手出現注意力不集中的現象和疲勞感。

👉當精力耗盡，耐心和情緒也會隨之揮發，在平常的生活和工作當中，我們要想掌握談話的主導權，也可以和FBI一樣，用我們的耐心、耐性和韌性拖垮對手的談判意志，給對手精神上形成沉重的壓力，迫其盡早做出讓步。巧妙地運用「等待」來消耗對方的精力，利用磨時間的手段來損耗對談時間，造成談判的低時效，透過對談中各種超負荷、超長時間的談判或故意單調的陳述，使對手從肉體上到精神上感到疲勞，使其因疲勞造成漏洞，在對手疲憊的時候發起攻擊。一旦他的精神狀態處在疲憊的時候，就容易做出錯誤的判斷，乖乖地按照我們設定的方向行事。

# 05

# FBI教你掌握溝通方法，突破僵局

本篇主要談的是在正式場合學會把握溝通的分寸、在非正式場合學會用非正式溝通、在不同的場合選擇不同的話題、善於運用幽默這個潤滑劑、熟練掌握非語言溝通的技巧等方面的知識。此外，溝通的過程中，難免會出現說錯話、意見衝突所導致的尷尬現象，導致雙方不愉快甚至是溝通的中斷。故而，突破僵局和化解尷尬就非常重要，值得我們用心去體會與掌握。

Discourse psychological techniques

FBI

# 52 看場合說話，掌握溝通分寸

　　與人溝通時，不僅要考慮自己的身分，選擇合適的時機，還應該要看場合說話。有些話可能是好話，有些玩笑本質上也無傷大雅，但一旦在不適合的場合下說出來，你的話就會走味、變調。

　　當你為朋友排憂解難的時候，當你向他人表示親近的時候，除了要在說話內容上進行斟酌篩選之外，還應該要思考一下場合是不是合適。如果你說話不懂得看場合，就會讓人覺得你是個「白目」的傢伙，對你產生反感。

　　這個道理其實誰都懂，但在實際生活中，卻有為數不少的人說話喜歡隨興所至，不看場合，不但給別人帶來不悅，也給自己惹來不少麻煩。

　　楊小姐是一家公司的員工，擔任秘書工作。她聰明伶俐，總是很熱心地給大家提供協助。但同事們卻不喜歡和她打交道，尤其是老闆，好幾次都想開除她。原因是因為她是個直性子，心直口快，說話不看臉色，不分場合，常常讓人下不了台。

　　有一次，老闆穿著一身新西裝來到公司，每個人都笑著稱讚他：「您今天可是真精神啊，這件衣服很適合你。」但楊小姐說出的話卻大煞風景，她說：「你這件衣服質感也還好，是不是今年的款式還說不準呢。」老闆是一個很講究服裝搭配的人，聽她這麼一說，臉色馬上變得鐵青。但顧及她是新人，才剛入社會，沒什麼經驗，也就沒再難為她。

這次惹老闆生氣，楊小姐非但不懂得吸取教訓，反而一次比一次誇張。有一次，老闆和客戶簽約，客戶看到老闆龍飛鳳舞的簽名之後，忍不住稱讚幾句：「您的簽名可真是氣派呀。」老闆正想開口謙虛幾句，沒想到楊小姐卻不知趣地搶先說：「我們老闆練了三個多月了，能不氣派嗎？」此言一出，讓老闆和客戶都覺得很尷尬。後來，老闆就把她調職了。

楊小姐之所以不受人的歡迎，原因就在於她不懂得如何去尊重別人，不懂得看場合說話。或許，她認為，說點笑話無傷大雅，還能活絡一下氣氛，實際上呢，非但氣氛沒有帶動起來，反而把氣氛給攪渾了。這樣的事出現一次倒也罷了，但是她一而再再而三地犯類似的錯誤，難怪老闆會不原諒她。

練習
Tips

在和別人說話的時候，無論你的出發點是什麼，也無論你的語言內容是什麼，都應該考慮一下環境因素，分清楚是什麼場合，以免給自己帶來不利的影響。

那麼，怎樣根據場合來選擇合適的話題呢？前提就是要瞭解不同的場合。以下筆者總結幾種不同的場合，以便於大家在日後的交往溝通上有個參考依據。

## ❶自己人場合和外人場合

說話一定要內外有別。面對自己人可以無話不談，甚至說話可以不用那麼

拘謹，哪怕是吵得臉紅脖子粗也無所謂，畢竟彼此都瞭解，不會產生負面影響。但是對外人則不可，因為那樣很可能引起對方的不快。比如，在公司裡，你和老闆、同事單獨相處的空間可以稱得上是自己人場合，在這種場合下，可以放鬆一下心情，也可以稍微調侃幾句，但是一旦有第三者在場，你說話就應該注意一下分寸了。

## ❷正式場合與非正式場合

正式場合說話應嚴肅認真，事先要有所準備，不能亂扯、也不能沒有條理。非正式場合下，便可隨便一些，像聊家常一樣。比如，在公司裡，開會就是一個非常正式的場合，在這裡，你就要好好斟酌一下，不該說的話千萬不能說。在餐廳裡吃飯，可以算是非正式場合，在這裡說話你可以稍微輕鬆一些。

## ❸慎重場合與輕鬆場合

這個場合比較難區分。區分的標準以對方的表達為準。比如，老闆把你叫到辦公室裡去說「今天特意把你找來是因為……」那麼，這就意味著這次談話非常慎重，你在說話的時候就要小心應對，絕不能嬉皮笑臉，無所顧忌。如果你的老闆來到了你的辦公桌前，說「順便過來找你聊聊」，就說明這是一個自在的場合，你在說話的時候可以開些玩笑，以輕鬆的口吻說一些「老總大駕光臨，有失遠迎」的話來調節一下氣氛。

## ❹喜慶場合與悲痛場合

在公司裡，喜慶場合是指年終尾牙，頒獎典禮，或者是慶功會這樣的場合被叫做喜慶場合，而悲痛場合則是公司利潤下滑、全體員工檢討工作中出現的問

題……等情境。在喜慶場合，你可以笑顏逐開，甚至高聲歡呼、手舞足蹈。在悲痛的場合，你最好老實一點，謹言慎行為妙。

此外，在氣氛慎重、嚴肅的正式場合中說話的時候，一定要掌握溝通的分寸。要做到了言之有度，不該說的從來不說。那麼，究竟怎樣做才能達到這一點呢？可以掌握以下原則：

## ❶認清自己的身分

無論你處在任何場合中，都會有自己特定的身分。這種身分，也就是你說話時的「角色定位」，要想把話說好，首先就應該注意這一點。比如，FBI在犯罪份子面前，是威嚴和正義的化身，而在總統面前，則是一名盡心盡責的下屬。面對犯罪份子，他們可以嚴厲、冷峻一些，說話態度也可以強硬一些，但是面對總統就應該謙和、恭順的多。如果對總統也使用一板一眼的語氣，就非常不合適，因為這樣是有失禮貌、有失分寸的。

## ❷說話盡量客觀

一般而言正式場合都是比較莊重的場合，不允許出現太多的感情色彩，也不允許出現太多誇張的語言。因此，在這個時候就要有尊重事實的態度，與人說話的時候實事求是地反映客觀實際，不能主觀地去誇大或者添油加醋。比如，FBI在和犯罪份子進行較量的時候，會採用一些誇張的語言和表情去恫嚇對方，但在上司和同事面前，從來不會這樣做，而是客觀陳述，真實傳達為要。

### ❸ 表達善意

正式場合是莊重的場合，在這種場合下進行溝通的時候，一定要表達出自己的善意，讓對方瞭解到自己的思想和感情。在說話時，只有善意地與人交流，才能獲得對方的好感，也才能讓溝通產生良好的結果。反之，若滿懷敵意地與人溝通，勢必會影響到溝通的效果和雙方的關係。

### ❹ 言語得體

言語是展現一個人內心世界的載體，是人的「第二張臉」，我們在說話時，務必要做到說話得體，恰如其分。尤其是在正式場合下，言不及義，亂說一通，勢必會影響到整體的氣氛和溝通的效果。比如稱呼別人，裡面就有很大文章。如果你有一個大學老師背景的朋友在進行演講，在這個時候，你就不能以朋友的立場直呼其名，而是要和別人一樣稱呼其為「教授」，以示尊重。

### ❺ 不能太客套

正式場合中需要一些禮節性的東西來作為溝通的鋪陳，但是也應該把握一定的度。如果你過分地去粉飾雕琢、處處行大禮，就會失去純真與自然，還會給人一種「禮多必詐」的感覺，顯得不夠坦誠。

除此之外，在正式場合中，有一些話是不合時宜也不能說的。以下，我們就來大致瞭解一下，以便做到心中有數：

### ❶ 自己和他人的健康狀況

除了你的親朋好友之外，沒有人會對你的健康檢查或者是敏感症狀有興趣。

在正式場合中，最好不要談論類似的話題，否則就會被人認為太不懂事。

並不是所有的話題在任何時間、任何地點都適合拿來公開談論。

在正式溝通場合，我們會遇到形形色色的人，有的人可能已經患上了嚴重的疾病，他們對此諱莫如深，一旦別人提及，就會渾身不舒服，甚至還會把你的關心當成多管閒事，因此，哪怕你知道某個人得了重病，也不能提，以免惹來對方的白眼。

## ❷敏感性的話題

除非你非常清楚對方的立場，否則的話，就不能談論具有爭議性的敏感話題，比如宗教、政治、信仰、黨派等等。比如，你對著一個支持民主黨的人大談什麼共和黨的好處，對方很可能半句都不想和你聊。

## ❸個人的不幸

正式場合是討論、交流的場合，不是訴苦大會，無論你受到了什麼樣的傷害，都不能表現出來，更不能向他人訴說，因為場合不合適。當然，如果有人主動向你提及他的不幸的話，你也沒有必要制止或斥責他，只需安安靜靜地聽就行了，在必要的時候，可以表現出同情的神色，但不能為了滿足自己的好奇心而追問不休。

## ❹黃色笑話

有人說黃色笑話是生活的調劑品，是不可或缺的一部分。這話固然有一定的道理，但卻有失偏頗。尤其是在正式場合中，這種難登大雅之堂的笑話最好別說，以免給別人帶來不快，給自己帶來麻煩。

👉同樣的內容，由於場合的不同，說話的方式也要有所不同。只有依據不同的場合，選用最恰當的詞語，才能準確地表達自己的意圖，也只有這樣求人才能成功。不論什麼時候，什麼場合，說話時都要注意說話的分寸，如果你沒有把握考慮周到的話，最好不說。不要不管三七二十一，亂說一通，同時還要注意說話的內容和形式，做到該說的說，不該說的半個字也不說。因為不是所有的話題在任何時間、任何地點都適合拿來公開談論。要看場合說話，正式的場合說說笑笑是不恰當的表現，非正式場合你若一本正經，自然也會讓人感到不自在。所以，要讓自己的語言融入環境，才能夠得到更多的認同感。

說話時還要理解對方的心境，只有理解對方的心境，才能得到對方的信任與尊敬，把話說得恰如其分。如此，就能始終掌握著主導權，從而達到說服的目的。

# 53 有成效的非語言性溝通

「非語言溝通」就是指運用那些非語言性的管道來傳遞資訊和表達觀點來和別人溝通的一種方式。非語言性溝通，主要是指肢體運動所表達的資訊，包括人的軀體外觀、步態、表情、眼神、手勢等。FBI告訴我們，非語言性溝通交流是一個人真實感情更準確的流露。因為一個人在很多時候很難控制自己的非語言反應，這種反應更真實地表達了一個人自己內心的想法。美國心理學家艾爾‧梅拉別恩認為資訊交流的效果（100％）＝言詞（7％）＋聲音（38％）＋表情動作（55％）。相關學者指出：「如果將注意力完全集中在人類的語言交流上，那麼，許多交流過程將從眼前消失」」他們之所以非常重視非語言性溝通，是因為他們體會到在整個溝通過程當中非語言性行為發揮著至關重要的作用。有很多資深的FBI探員認為：在一個交流過程中，非語言性行為占80％，而語言性因素只占20％，甚至更少。

為什麼FBI們會如此重視非語言性溝通呢？因為不同的人有著不同的知識、職業、技能構成，他們所說的專業術語有時候很難讓對方明白是什麼意思。說的東西多了，反而還會引起對方的恐懼與疑惑。而非語言性行

為則是自發的一種反應，能夠讓對方更容易了解到你的真實想法，判斷出某件事情的嚴重程度。

非語言溝通主要以眼睛或眼神表現，臉部表情，肢體動作如站姿、坐姿手勢、空間距離等及聲調高低或大小或抑揚頓挫與外表打扮等為溝通媒介來傳達訊息。非語言性溝通具體有幾種形式，又該如何正確地利用呢？請看以下的說明：

# ❶臉部表情

FBI告訴我們，人的臉部表情和臉部神態是非語言資訊裡面最重要的組成部分，也是非語言溝通中最豐富的源泉，它是一種共同的語言。儘管人們的生活背景不同，文化背景不同，但是臉部表情可以傳遞相似的感情，使人們更準確地瞭解對方的真實感情。如果我們能夠面帶微笑、有親切可親的表情，就能夠使人感到安慰和溫暖，反之，若以冷若冰霜的面孔示人，則會引起對方的抗拒和疏離。通常當別人稱讚您時，應關注他的眼神或表情是否與口語表達一致，當口語與非語言的訊息不一致時，應相信非語言之線索或暗示，因它比較貼近說話者的真實心意。

# ❷儀表和舉止

這也是非常重要的無聲語言，可以令交談對象產生很強的知覺反應。這就要求我們在和別人交談的時候，要做到衣著整潔、容貌修飾自然大方、舉止端莊、保持積極向上的精神。因為這些東西能夠縮短彼此之間的距離，給人以親切的感覺。反之，蓬頭垢面、衣冠不整，則會給人不被重視的表現，別人就會下意識地產生反感，進而疏遠你。

# ❸姿勢和步態

姿態和步態可以反映一個人的情緒狀態和健康狀態。直立的姿勢以及快速而有目的的步伐表示有自信和健康狀況良好，而低頭駝背、緩慢地拖著腳步走路則表示情緒抑鬱、無興趣。無論你從事什麼行業，在和別人交談的時候，都要留心手勢大方、得體，避免一些失禮的表現，如指手劃腳、拉拉扯扯、手舞足蹈等，以免給別人帶來不良的印象。

# ❹目光接觸

FBI強調，目光接觸是非語言交往中的主要資訊通道，它既可表達和傳遞感情，顯示某些個性特徵，又能影響他人的行為。目光與其他體態信號相比是一種更複雜、更深刻、更富有表現力的信號。因此，在和別人交流的時候，我們應學會用目光啟動交往，與交談對象交流時，視線不能向上也不能向下，更不能左顧右盼，而是要望著對方的臉部，讓他瞭解到自己的真誠。

# ❺肢體的接觸

肢體的接觸是一種無聲的語言，是非語言溝通交流的特殊形式，包括撫摸、握手、攙扶、擁抱等等。觸摸能增進人們的相互關係，是用以補充語言溝通及向他人表示關心、體貼、理解、安慰和支持等情感的一種重要方式。比如，醫生在和患者交談的時候，拍拍他的手背或肩膀不但能表示他對患者的關注和安慰，同時也能穩定患者的情緒。能給他們安全感、信任感，消除恐懼心理等

當然，在利用肢體接觸這種溝通形式的時候，我們還應該掌握一定的分寸，尤其是在女性面前，不能亂用，否則的話，就會被對方誤認為是輕佻的舉止，以為你在騷擾她。

👉非語言性溝通是伴隨著溝通的一些非語言行為，它能影響溝通的效果。如臉部表情、身體姿勢、聲音（音色、音調、音量）、手勢、撫摸、眼神交流和空間等。

在日常生活中，人們在彼此交往互動時，常會因常因「表錯情、會錯意」而感到困惘或不安。這其實都是起因於我們沒有留意到他人言語中的肢體語言或非語言之線索所致。我們平時就要學習培養並保持高度敏感，多關心並注意與你有所互動的人的肢體語言，尤其是經常性或出現頻率高的表情或動作等。如此，即可達到與他人溝通的最佳效果。

# 54 不可或缺的非正式溝通能力

　　按某種性質來區分的話，溝通可以分為正式溝通和非正式溝通。正式溝通主要用於正規的場合，比如公司會議、代表談判等等，而非正式溝通則主要用於非正式場合，通常以聊天的形式出現。正式溝通屬於工作交流，非正式溝通則多以情感交流的形式出現。

　　正式溝通的效果如何，取決於溝通的方式、溝通雙方的工作關係、兩者之間的利益等因素，而非正式溝通的效果則更多依賴於溝通者的感染力。在很多時候。FBI探員在和人進行溝通的時候，通常都比較喜歡採用非正式溝通的方式。非正式溝通比較不會那麼枯燥和生硬，只要溝通方表現得自然一些，親切一點，一般就不會產生尷尬的局面，更不會顯得太被動。採取這種溝通方式，能夠使溝通雙方彼此更加瞭解，也更加尊重，從而讓溝通效果更有成效。

　　大部分的FBI探員在非正式溝通之中都會利用個人的魅力去感染別人，征服別人的心理。在和他人交流的時候，他們身上散發著一種成熟幽默、大方從容的個人魅力，容易讓人產生親切感，很難讓人拒絕他們。

　　和正式溝通相比較而言，非正式溝通就顯得不那麼正式和嚴格，但在FBI看來，這種不正式和不嚴格反而會發揮更好的效果，因為它能夠讓人的心情變得放鬆，不至於那麼緊張，在談論起某項事情的時候也就顯得輕鬆自如，可以無所顧忌，暢所欲言，進而提供更豐富的資訊。FBI認

為，很多政府機構和大型企業之間缺少這種非正式溝通，他們常常會採用僵化呆板的正式溝通形式，從而讓溝通陷入被動之中，也讓效果朝著相反方向發展。因此，FBI在辦案的過程當中，就比較偏愛採用非正式溝通的形式。

在解決一些正式溝通不能解決的問題的時候，例如個人情感、隱私、生活細節、工作環節等問題時，非正式溝通就能夠達到非常良好的作用。因為，這種溝通方式不是以公務活動為表現形式，也不是以某個機關單位為背景，而是一種心與心的交流，可以透過個人魅力去得到別人的信任。因此，FBI就非常喜歡運用這種溝通方式。

FBI認為，帶有人情味的非正式溝通比嚴肅呆板的正式溝通更有效果。那麼，究竟非正式溝通具有哪些獨特的魅力呢？

## ❶非正式溝通不會讓人產生心理上的壓力和束縛感

因為這種溝通完全就是以聊天的形式出現，沒有太明顯的目的性，能夠讓對方卸下恐懼、厭惡、抵觸等心理因素，願意在一個輕鬆的氛圍內愉快地和溝通方進行交談。

比如，在FBI內部，一些長官們都會用這種方式來和下屬進行溝通。這種溝通不是上級對下級的詢問，也不是下級對上級的報告，而是讓兩個人站在相等的地位上進行談話，從而有效地拉近了兩者的心理距離，可以讓下屬知無不言言無不盡，同時也增加了對方的自信心，最終也有利於工作效率的提升。

## ➋非正式溝通傳遞的速度非常快

一般情況下，在進行正式溝通之前都需要做一些準備工作，比如佈置會議室、準備發言稿、做好表達方式的準備等等。從很大程度上來說，這些鋪陳都是一些表面文章，對溝通的實質並沒有多大的幫助，不但浪費時間，還會讓人有很明顯的壓迫感，效果可能也不理想。而非正式溝通則不然，它沒有太多的限制，也不需要刻意營造一些隆重的場合，隨時隨地都可以進行。這樣一來，就能夠增加傳遞資訊的速度，大大提高解決問題的效率。

正式溝通除了傳遞資訊的速度比較快之外，還可以有效地傳達一些在正式溝通中不便傳達的資訊。在正式溝通當中，溝通的雙方一般都會簡明扼要地說出自己的觀點，等待著對方的答覆。而非正式溝通則可以把自己為什麼會有這樣的觀點、個人的感情傾向等問題表達出來，從而加速對方對自己的理解與認可。

## ➌非正式溝通不受時間和地點的限制

在FBI內部，如果要進行正式溝通的話，就必須選擇在上司辦公室或者是會議室裡舉行。但是，在很多時候，條件並不允許如此。比如，FBI探員在外地辦差的時候，遇到了突發情況，不得不改變原定計畫，他們無法回到辦公室裡去向上司報告，也沒有辦法在會議室裡向同事們解釋清楚。因此，他們只能用非正式溝通的方式來尋求上司和同事們的認可與支持。

在一個公司裡也是如此。通常情況下，一個正式的溝通需要在時間上進行提早安排，以免佔用參與溝通各方的工作時間，在場合上也需要精心挑選，同時還要對一些觀點和看法有所約束，這樣一來，就會讓溝通的效果大打折扣。而非正式溝通則不然，它沒有任何的時間和地點限制，也沒有話題的限制，可以隨意地講出個人的觀點，也能夠在短時間內和別人達成共識。故而，很多公司的老總和員工就會採用這種溝通形式來進行交流。

# 55 善用幽默化解談話的僵局

　　如果詢問女士喜歡什麼類型的男人，十個當中有八、九個都會回答「要有幽默感。」為什麼她們會把幽默看得這麼重呢？原因很簡單，因為幽默可以給人們帶來愉快的笑聲，讓生活充滿歡樂。

　　在交際場合，一句幽默的俏皮話能夠產生四兩撥千斤的作用，可以緩解人們的緊張心理，促進彼此交談的積極性。如果碰到了衝突或者是尷尬的局面，幽默則能夠充當潤滑劑的作用，可以在最短的時間之內消除人們心頭的不快，讓在場的人得到前所未為有的輕鬆和歡樂。由此可見，幽默在溝通場合之中的優越性和重要性是其他方式不能代替的。

　　在日常生活當中，我們難免會和人因為對某些事情的看法不一致而產生一些分歧和矛盾。一旦產生了分歧和矛盾，就等於是將雙方帶入了僵局。在僵持的氣氛中，如果你寸步不讓，「據理力爭」、不依不饒，就會讓矛盾擴大化，還有可能讓雙方反目成仇。要想迅速擺脫僵局，就應該採用比較委婉而又有效的方法。而這個委婉而又有效的方法則是幽默。

　　很多情況下，尷尬的局面並不是別人有意而為之，很有可能是無意時犯的錯。遇到了這種情況，我們需要做的事就是藉由恰當的交流方式來讓雙方擺脫尷尬，而不是用激烈的方式激化矛盾。而這個恰當的方式，就是幽默。

提起FBI，很多人都會認為他們是不苟言笑，面無表情、不怒自威的人。實際上，FBI們並非他們想像的那樣呆板，他們之中，性格幽默者還是大有人在的。對於FBI們來說，幽默非但不會影響他們從容幹練的風範，還能更加襯托出他們的機智與從容。

我們來看看以下這個故事。

一輛正在行進中公車，由於司機的緊急煞車，讓全車的乘客猝不及防，車廂裡一位男子撞到了一位女孩身上。

這位女孩看起來非常生氣，便衝著那個撞她的男人罵了一句：「真缺德！」

可是那位男子並沒有生氣，而是立即對著這女孩子解釋到：「對不起，這和『德性』無關，這是因為『慣性』。」

頓時，這位男子的一句話引起了全車人的笑聲。這名年輕人當然知道女孩是在罵他，但是在這種場合一本正經地對小姑娘解釋，或是回敬她一句更不好聽的話，很可能就會引起兩個人的爭吵。而這樣一句「慣性」既是對自己沒有站穩的科學解釋，又是對那女孩罵人的話最好糾正和回敬。車上的乘客紛紛對這名男子豎起了大拇指。

果然，姑娘聽後不再生氣，反而對這名男子報以微笑的歉意。

這場潛在的「風波」被男子幽默的語言給化解掉了。

在人與人之間發生矛盾的時候，應該多用一下幽默的「潤滑劑」，而不能把事情搞得越來越僵。幽默的人往往會在幾句輕鬆俏皮的話語之後產生神奇的效果，讓嚴肅的氣氛變得輕鬆、活潑起來，不僅讓自己擺脫了窘迫的處境，同時還會傳遞出一份寬厚和善意，讓那些對你有偏見的人迅速改變他們的看法。幽默說出的是語言，而表達的卻是一個人的機智和心胸。

有一次，一位作家到一所大學演講。在演講的過程中，有一個女生直言不諱地問他說：「您在演講的時候一再強調文學要反映真實的社會生活，你的作品裡所描寫的都是真善美的一面，但是現實的生活卻總是充滿了醜陋與殘酷，這一點在您的作品中卻都沒有寫到這一部分，我想問一下，你大唱讚歌卻不敢揭露社會真實面是因為什麼？」這個女生提問十分大膽，沒有給這位作家一點面子，有一種不把他逼上絕路誓不甘休的氣勢。作家想了一下，就問那個女生說：「請問妳喜歡拍照嗎？」那位女生點了點頭。作家就又問道：「妳臉上的肌膚有光滑漂亮的時候，也有長痘痘的時候，那麼你會在長痘痘的時候去拍照片嗎？」他這樣一問，周圍的人都情不自禁地笑了，那位女生也就不好再繼續咄咄逼人。

練習
Tips

　　無論是生活還是工作場合，FBI探員們通常喜歡採用幽默的方式來與人交流溝通。FBI對於這個溝通中的潤滑劑有著深刻而獨到的認識。他們對幽默的作用總結了以下三點，我們不妨來看一下：

## ❶幽默有助於輕鬆地解決問題

　　FBI認為，如果他們整日以一副刻板、嚴肅的面孔示人，在和別人溝通的時候，就容易引起對方的反抗心理。如此一來，那些原本可以幫助他們調查案件、提供資訊的人就會主動疏遠他，防備他，從而給案件的解決帶來重重阻礙。如果換上一副笑容可掬的形象，就能夠讓人對他們產生好感，也會主動地去配合他們的工作了。因此，FBI們在尋找破案線索的時候，都會用比較輕鬆、風趣的態度

來和知情者們拉近距離，尋求他們的配合。

　　一名FBI探員在餐館裡用餐。等了很長時間，飯菜都還沒有上菜。他看著別桌的客來吃得津津有味，就把服務生叫了過來，問道：「請問，我是坐在觀眾席上了嗎？」服務生不好意思地笑了，就趕緊向他道歉，立即親自跑到廚房去催菜。不一會兒，熱騰騰的飯菜就端了出來。

　　同樣地對於上班族而言，無論做什麼工作，處在何種場合，都少不了要和人打交道。為了讓人與人的互動更順利一些，也讓事情得到有效的解決，我們就應該和FBI們一樣，採取幽默風趣的方式和別人相處。事實證明，幽默風趣的態度要比那種一本正經的方式來得有效多。

## ❷幽默可以使人更具說服力

　　幽默是建立在豐富的閱歷之上的一種生活態度，也是心智成熟的表現。幽默風趣的態度除了可以增加個人的親和力之外，還可以擴大他的影響力。這是因為，一番幽默的語句不但能夠給人帶來歡樂的笑聲，還可以表現出一個人具有隨機應變、聰明靈活、有彈性的個性特質，這些良好的素質不僅能夠讓自己輕鬆自如地去化解一些難題，同時還顯得更具說服力，能夠巧妙地影響他人。

　　在某房地產仲介公司內，有位太太看了業務員推薦給她的資料後，說：「這個房子離車站得走三十分鐘，太遠了！」業務員回答道：「夫人，您一個人當然是太遠了。不過要是跟你先生兩個人一起走，一個人就只用花十五分鐘就到了呀！」太太聽罷，莞爾一笑，不再挑剔，而是高興地和他們簽訂了租屋合約。

　　這名業務員以謬誤的邏輯迴避自己產品的缺點，讓人在笑聲中忽視它的存在，而尋找機會發揮產品的優點。這種幽默的方式遠比那種掩飾性的解釋來得更有效。

## ❸ 幽默可以提升一個人的個人魅力

在人和人的交往當中，那些熱情、寬容、幽默的人比較容易受到別人的歡迎。在這些特徵當中，幽默更能給人留下非常深刻的印象，因為幽默的談吐可以給人一種耳目一新的感覺，帶來愉悅和輕鬆的感覺，同時還能夠迅速拉近陌生人之間的距離，在最短的時間之內消除那種不自在的拘束感。這是幽默獨有的效果。比如說，你對待別人非常熱情，那些和你比較熟的朋友會瞭解你的友善，但是在陌生人看來，這只不過是一種客氣，甚至還有人會認為你這樣做是在逢場作戲。等交談結束之後，別人轉過身去就很可能會忘記你。如此一來，你剛才所做的努力，就等於是無用功了。因此，在交際場合，你就應該讓自己顯得幽默一些，以此為「武器」來征服別人，得到別人的信任和支持。

另外，幽默不等於搞笑，也不等於尖刻地去挖苦別人。當你在運用幽默讓自己擺脫尷尬的時候，需要把握以下兩個原則：

## ❶ 幽默要表達的是善意

友善的幽默表達的是人與人之間的真誠友愛，它能拉近人與人之間的距離，填平彼此之間的鴻溝，是和他人建立良好關係必不可少的。當一個人與他人關係緊張，即使在一觸即發的時候，幽默就能立即讓彼此擺脫不愉快的窘境，消除彼此之間的矛盾。

## ❷ 幽默要分清場合

幽默是交際場合的重要手段，卻不代表任何場面都適合運用幽默的方式。在比較嚴肅的場合，最好不要用這種方式。比如在追悼會上，每個人的心情都是十

分沉重的，如果碰到了一些意外的發生，你需要做的是用其他的方法來化解而不能講些無厘頭的話，說些玩笑話，如果你在這個場合運用「幽默」的話，非但不能化解意外，還會讓尷尬發酵，讓事態發展到不可收拾的地步。

👉幽默是一種動人的智慧，是一種穿透力。運用幽默的重點記得要「消遣自己」，而不是消遣別人，這才是最高境界的幽默。適當的幽默可以成為有力的還擊，又能讓對方感覺被削，這才是上乘的幽默。幽默是人際交往中的一種潤滑劑，是化解尷尬的清道夫。面對善意的責難，我們應該保持一個平靜的心態，萬萬不可表現出憤怒來。怒火中燒，燒壞的只是自己的大腦，很可能就會讓自己下不了臺。在這個時候，最好的辦法還是運用幽默的回答或者反問去應對這些尷尬的問題，既給自己一個臺階下，也可以緩解一下緊張的情緒，同時也免得禍及不相干的人。

# 56 轉換話題扭轉尷尬的談話局勢

當我們在與人交談、溝通的時候，誰都希望有一個融洽和諧的氛圍，不願意碰到尷尬的局面。然而，實際情況往往不是我們理想中的那樣，在很多時候，常常會因為一些人的語出驚人和奇談怪論而讓整個對談陷入比較尷尬的境地。

當尷尬發生時，原本熱鬧的交談氣氛就會戛然而止，參與交談的人就會面面相覷。遇到了這種情況，我們千萬不能束手無策，任由事態發展，而是要充分發揮自己的聰明才智，動腦筋想辦法扭轉尷尬的氣氛。那麼，究竟用什麼辦法好呢？這時就要巧妙地轉換一下話題，轉移眾人的注意力，輕鬆化解難堪的局面。

立即轉換話題的方法可以讓尷尬的製造者和承受者都能有一個臺階下，達到皆大歡喜的目的。

在生活中，用扭轉話題的方式來化解尷尬的事情比比皆是，我們先來看以下這個例子：

在一次同學聚會上，久別重逢的人們十分高興、熱絡地聊起天來。或許是酒喝多了的緣故，一名男士對著一名女士開玩笑地說：「當初你追求我的時候，我拒絕了你，現在你是不是還對我念念不忘呀？」這本來是一句玩笑話，雖然有些過火，但在同學聚會的歡快氣氛之中也是無傷大雅的。但是，這位女性可能是心情不好，聽到之後竟然莫名氣惱，指著那個

男士大罵：「你神經病啊！你也不照照鏡子看看你那副德行，哪個人會瞎了眼追求你這種人？」她的聲音很大，壓過了在場其他人的談話，頓時熱鬧融洽的場景一下子降到冰點，大家面面相覷，異常尷尬。這時候，另外一個女士站了起來，笑著說道：「多年不見，我們的公主還是脾氣不改呀，她喜歡誰，就說誰是神經病，說得越是刺耳，就說明喜歡得越厲害，我說的沒錯吧？」這番話說完，大家就很自然地想起了往日充滿歡樂回憶的大學生活，不由得七嘴八舌地相互開起玩笑來，剛才的不快就像沒發生過一樣，一場風波就在短短的幾句話中得以平息。

練習
Tips

　　無論是在什麼場合下，誰都不想遇到窘迫與難堪。但是，在實際的交談場景中，由於事先沒有做好充足的準備，一些意外還是發生了。在這個時候，去追究誰對誰錯是最愚蠢的選擇，唯一能做的只能是想方設法扭轉話題改變尷尬的場面。

　　轉換話題是一個行之有效屢試不爽的好辦法，不過，在使用這種方法的時候，我們需要注意一下，要在不露聲色之際轉移話題，這樣既不顯得太突兀，又能夠巧妙地將他人的注意力轉移到其他的事情上去。

　　課堂上，一位實習的老師正在黑板上寫字，剛剛寫完幾個字之後，突然有學生大聲地說：「實習老師寫的字比我們李老師寫的字好看多了！」

　　此言一出，語驚四座。有口無心的學生根本就沒想到，坐在後排聽課的李老師是多麼的尷尬，心情是多麼地不舒服。而這位實習老師，剛剛從學校出來，就碰到了這樣讓人尷尬的場面，著實讓人頭痛，如果處理不

好的話，很可能影響和李老師之間的關係，讓兩個人在實習期裡都會因為心裡的疙瘩而在相處上格格不入。這個時候如果用謙虛的話來貶低自己顯然也不太好，讓人覺得刻意。這位實習的老師在情急之下靈機一動，不如裝作什麼也沒有聽見，繼續寫著他的黑板字，他頭也不回地說：「是誰沒有安安靜靜地在看課文，在下邊大聲喧嘩？」

此言一出，讓後座的李老師著實鬆了一口氣，感覺自己的面子得以保全，頓時輕鬆多了，尷尬的局面也就隨之得以消除。

這位實習老師可謂是轉換話題的高手。在尷尬的場合下，它能夠避實就虛，躲開學生的誇獎，而是很自然地告誡學生不要在課上大聲喧嘩。從明處看，他是在訓斥學生，從實際上看，卻是在告訴坐在後排的李老師「我根本不知道學生說了些什麼」，同時，又制止了學生繼續稱讚的興致，從而避免了再次造成尷尬的局面。

話術
POINT
★★★

👉遇到了尷尬並不可怕，可怕的是你不知道怎樣化解它。有些話題讓人不快或讓人尷尬，可以利用對方話語中的某些資訊禮貌避讓，從而引出新的話題。在尷尬發生的時候，如果你把所有的精力都集中到尷尬話題的本身的話，只會讓這種難堪的效果持續發酵，帶來更大的窘迫。為了避免發生這樣的情況，我們就要巧妙地轉化話題，化尷尬於無形之中。每個人在談話時都喜歡以自己為中心，說自己快樂的事，因此如果想避開某個不願繼續的話題，就有意識地以對方的開心事為話端，話題就能得以轉換，而且不傷感情。

# 57 運用自嘲來迅速擺脫困境

　　我們在與人交流溝通的時候，難免會因為與人語言不和、意見相左等問題而發生一些爭執，也難免因為他人有口無心或者是別有用心的話而將自己置於非常尷尬的境地。遇到了這種情況，人們往往會進退兩難，手足無措。那麼，如果遇到了這些情況，該如何讓自己從容地擺脫困境呢？FBI探員透過多年與人打交道的經驗，為我們提供了一種行之有效的方法——自嘲。

　　艾來德是一名優秀的FBI探員。不過，他的相貌比較不好看，承受他人的打擊和嘲笑。不過，艾來德並不介意，相反地，還能夠以此來進行自嘲，利用他的「醜臉」來做文章，擺脫困境。

　　有一次，他去一個知情女市民家裡調查案情。但是，那位女市民對他並不感興趣，非但不配合他的工作，反而還大大地挖苦了他一番：「警官先生，你徹底顛覆了FBI探員在我心中的形象，你應該是我見過最醜的人。」艾來德聽後，並沒有生氣，而是聳了聳肩膀，回答說：「夫人，這我也沒有辦法啊，您看看能給我提出什麼建議嗎？」那位夫人聽了之後，撲哧一聲地笑出聲來，立即深感不好意思，就把自己所知道的情況一五一十地告訴了艾來德。

　　還有一次，艾來德因為一件案子與他的同事布蘭奇發生了爭執。兩個人在辦公室裡大聲地爭吵了起來，布蘭奇用手指著艾來德的鼻子大罵，

說他人格有問題，說一套做一套，表裡不一，簡直就是一個有兩張臉的人。爭吵聲引來了其他辦公室的同事圍觀，他們都站在辦公室門口看熱鬧。艾來德見狀，就做出非常無辜的神情，對大家說：「剛才布蘭奇說我有兩張臉，那麼，請大家想一想，如果我有兩張臉的話，為什麼還要帶著這一張醜臉來和大家見面呢？」眾同事聽了，有志一同地大笑起來，布蘭奇也忍不住笑出了聲。

由此可見，自嘲的作用是非常大的。從這個故事當中我們也應該明白這樣一個道理：遇到了窘境，惱羞成怒奮起反抗、或是反唇相譏並不會有好結果，反而還會讓自己更加難堪。如此一來，別人也會認為你是一個沒有氣度而又不夠聰明的人，甚至因而瞧不起你。

練習
Tips

有很多人認為，自嘲簡直就是自虐，是對自己尊嚴的踐踏和侮辱。但是自嘲如果運用得好，是有以下妙用的：

## ❶自嘲其實是一個人自信的表現

顧名思義，自嘲就是自己嘲笑自己，以自身的缺點和來「尋開心」，以此來博他人一笑。如果一個人不具備強大的自信，是絕對做不來這樣的事。一個沒有自信的人對自己的缺點和不足只知道遮掩和辯護。不但自己不想提，也不願意讓別人說，別人一旦說出，他們就會反應過度，如此一來，就會顯示出他們的自卑和心胸狹隘來。而那些自信心很強的人呢，知道這些缺點不會蓋住優點的光芒，不認為這些缺點會削弱自己的能力，所以才敢於「自揭傷疤」，而他們往自己的傷口上撒鹽，不但沒有遭到他人的嘲笑，反而贏得了更多人的尊敬。

## ❷自嘲可以顯示出你的幽默感

據説古希臘哲學家蘇格拉底的妻子是一名潑婦，她常常會對蘇格拉底大發脾氣。很多鄰居都非常同情這位可憐的哲學家，但是蘇格拉底並不介意。有一次，他的鄰居嘲笑他是一個懦夫，蘇格拉底卻不急不惱怒，而是笑呵呵地對鄰居説：「有這樣的一個老婆多好啊，可以磨一磨我的忍耐能力。」

如果換做旁人，不是會和鄰居爭吵起來，就是會回去把妻子教訓一頓，但蘇格拉底卻沒有這樣做，他順著鄰居的話，對自己進行了一番嘲笑，這樣不但沒有讓鄰居的「別有用心」得逞。還顯示了自己的機智與幽默的個性。

## ❸自嘲能迅速化解尷尬氣氛

我們知道，出現了尷尬場面之後，如果有人幫助化解的話最好，如果別人不幫忙，就只能靠自己的努力了。在這個時候，運用自嘲往往能夠讓你自己給自己一個臺階下，也能以此來淡化焦點，迅速化解尷尬的氣氛，讓人們的注意力轉移到其他的事情上來。與此同時，一個人在運用誇張的手法來將自己的缺陷進行擴大的時候，就能夠讓人認識他的誠懇，寬廣的心胸，也能在最短的時間之內贏得他人的信任和支持。

ʔʔʔʔʔʔʔ

☛自嘲的人表面上看起來是消極的,但其實是積極地促使談話往好的方面發展的一種有效的手段。你可以用它來活絡談話氣氛,消除緊張;在尷尬中自找臺階,保住面子。當你處在難題前或者窘迫中,如果你回敬怒目相視,就會加遽矛盾,最後兩敗俱傷。你若是一味退縮,則會使對方覺得你軟弱可欺,反而會變本加厲地嘲弄你,這時如果你能適度地自嘲,讓自己笑,同時也讓大家笑一笑,可謂是一種很高明的脫身手段。人際關係中,在別人面前蒙羞時,處境尷尬的時候不妨用自嘲來面對眼前的事情,不僅能找到一個臺階下,而且還會產生幽默的效果,營造和諧的交談氛圍。

通常有相當自信的人才敢自嘲,因為他們對自己有相當的信心,瞭解自己對別人沒有敵意,也不會招來別人的敵意,所以才敢這樣坦露出自己有缺失的一面。笑自己的長相,或笑自己做得不甚漂亮的事情,會使你變得有親和力,有益於讓他人喜歡你、尊敬你,甚至欽佩你。

# 58 巧打圓場，幫人解脫困境

　　當我們遇到尷尬場面的時候，需要透過一定的技巧來脫身。如果別人也遇到了類似的情況，我們也應該有責任和義務去給對方提供「臺階」，巧打圓場，讓其擺脫困境。

　　同一個場合下，別人的尷尬也就是自己的尷尬，如果採取袖手旁觀的話，不但會讓別人的難堪繼續擴散，還會給自己帶來種種不便，溝通與交流也就難以再繼續。因此，無論從哪個角度上來說，我們都有義務幫助別人擺脫困境。

　　有一個朋友過生日，請親戚朋友在飯店裡聚餐。他還特意穿上了他之前去中國旅遊時買的一件米白色的蠶絲襯衫，自我感覺非常好。酒席宴前，他神采奕奕地向大家敬酒。結果一個朋友突然冒出了一句：「哥們兒，這襯衫可過時了啊！什麼年代的東西了？」過生日的這個朋友聽了臉色頓時一陣白一陣紅，半天都說不出一句話。這時候，一位在場的朋友站了出來，對那個大煞風景的朋友說：「我的朋友，你這就是外行了。這是蠶絲襯衫，價格可貴著呢。而且這種襯衫不會有褶皺，不管多少年，照樣跟新的一樣。」飯桌上的其他人也立即應和著，紛紛稱讚主人的襯衫珍貴而特別，過生日的朋友緊皺的眉頭這才舒展開了。

　　每個人都愛聽好話，如果當事人感到非常懊惱或者是不快的時候，你就可以適時地站出來，多說幾句好話，來維護一下他的自尊心，化解他

遇到的尷尬。

在巧打圓場這個問題上，以下提供了幾點建議供讀者根據實際情況來進行靈活運用：

# ❶找個藉口，給對方臺階下

有些人之所以在人際互動中陷入窘境，常常是因為他們在特定的場合做得不合時宜或不合情理，於是就進一步造成整個局面的尷尬和難堪。在這種情形下，最行之有效的打圓場的方法，莫過於換一個角度或找一個藉口，以合情合理的解釋來證明對方有悖常理的舉動在此情此景中是正當的、無可厚非的和合理的，這樣一來，對方的尷尬就解除了。

# ❷善意曲解，化干戈為玉帛

在交際活動中，來往的雙方或第三者由於彼此言語之間造成誤會，常常會說出一些讓別人感到驚訝的話語，做出一些怪異的行為舉止，從而導致尷尬和難堪場面的出現。為了緩解這種局面，我們可以採用故意「誤會」的辦法，裝作不明白或故意不理睬他們言語行為的真實含義，而從善意的角度來做出有利於化解尷尬局面的解釋，即對該事件加以善意的曲解，將局面朝有利緩解的方向引導轉化。

# ❸善用假設，巧避鋒芒

在特定的場合，有時礙於面子，這時可以用假設句去表達。

有些情況下，別人的難堪是因自己的堅持所造成的。在這個時候，如果你不想放棄自己的意見，也不願意讓對方下不了台，就可以利用假設句去幫助對方化解尷尬，比如，你在和師長、上級辯論，你認定自己的觀點絕對正確，不能讓步，可是出於禮貌或無奈不能堅持，在這兩難境地，假設句可說是很好的解圍方式。一名學生和主任爭論男生為什麼不能到女生宿舍串門子，老師一口咬定絕對不能。學生費了一番唇舌都無法說服老師，又見老師似有怒意，為了結束爭論，他給老師一個臺階下，他巧妙地說：「如果老師說得正確，那我肯定錯了。」這本是一句廢話，它並沒有肯定老師的觀點，然而這位老師聽了卻不再爭執。

由於附加了假設的條件，使表達變得婉轉多了，所以才能讓問話人、說話者都能接受。

## ❺ 審時度勢，讓各方都滿意

有時在某種場合中，當雙方因彼此不滿意對方的看法而爭執不休時，很難說誰對誰錯，作為調解者應該理解爭執雙方此時的心理和情緒，不能厚此薄彼，以免加深雙方的誤解，並對雙方的優勢和價值都予以肯定，在這個基礎上，再拿出雙方都能接受的建設性意見，這樣就容易被雙方所接受。

**話術 POINT**
☛要想成功地打圓場，不能依靠一個固定不變的公式去行事，而是要根據實際情況，區別對待，或製造輕鬆氣氛，或肯定雙方看法的合理性，找到雙方都能接受的解決方法等等，來消除別人心頭的不快。

# 59 適時地示弱，減輕對方的不快

在我們與人交談互動的過程當中，由於說話者的心情激動、情緒失控等原因，說出一些不該說的話而造成尷尬也是在所難免的。遇到了這種情況之後，我們不能任由尷尬事態發展，而是要學會用說軟話的形式來消除對方的不愉快，才讓溝通能再重新走上正常的管道。

有很多人認為，說軟話是服軟的行為，是對個人尊嚴的侮辱與踐踏。這樣想就錯了。FBI內部培訓講義裡提到，在溝通中必然會存在語言和心理上的較量，但是較量並不等於戰爭，溝通也不是吵架，而是為了讓協商與合作進行得更順遂。如果在遇到尷尬情況時，你若不懂得讓步，不願意服軟，就會將溝通變成戰爭，把對手變成敵人，最後非但不能達成意見上的一致，反而還會鬧得不歡而散。因此，在這個時候說一些軟話就是必要的。

現實生活中，當我們要想達到我們所想要的目的，就需要有很好的說話技巧，有時在不得已的時候，不妨做個可憐的人，適時地示弱，相信同樣也會讓你達到所要達到的目的。

有個老闆非常會做生意，在同樣的時間裡，別人賣一雙鞋，他就可以賣好幾雙。有人問他訣竅在哪裡，他笑了笑說：「就是要適時示弱」。他接著舉例說：「有些顧客來店裡買鞋，總愛挑三揀四，把你的皮鞋嫌得一無是處，而且還老愛和你分享哪種皮鞋最好，價格又適中，式樣與做工

又是如何精緻，好像他們是這方面的專家。這時，你如果和他爭論是毫無用處的，他們之所以說這麼多，不過是想要你以較低的價格把皮鞋賣給他。這時，你就要學會示弱，你可以恭維對方確實眼光獨特，很會選鞋挑鞋，自己的皮鞋確實有不足之處，如式樣並不新潮，不過走起來很穩，絕對是真材實料，可以讓你穿好些年都不會壞。你在表示不足的同時也借此機會從側面說一說這鞋子的優點，也許這正是他們看中這鞋款的優點。總而言之，顧客花這麼大心思不正是表明了他們其實是很喜歡這種鞋子嗎？善於示弱，不僅滿足了對方的挑剔心理，生意就很容易談成了。」這就是他賣鞋的妙招。

這裡我們所說的示弱並不是真的在示弱，只不過是想透過技巧搏得對方的同情，以達到你的說服目的。利用人的不忍之心，博取別人的同情，讓對方不忍拒絕自己，從而能達到打動他的目的。有時候說軟話就是要比來硬的更能打動人。所以，我們在說服別人遇到阻力的時候，或者勢不如人，處在劣勢時，千萬別與人硬碰硬，結果只會變得一團糟。相反地，我們這時候就應該大打示弱這張牌，畢竟，吃軟不吃硬是人的本性。當我們勢不如人，處在劣勢時，說一些軟話就能發揮出其獨特的功效。

渴望同情是人本身的天性，如果你想把強大的對手說服，應該想方設法去觸動對方的同情心，使聽者首先從感情上向你靠近，產生共鳴。人心都是肉做的，只要你將苦惱的情況和你內心的痛苦如實地陳述，對方是會買帳的。

示弱說軟話也需要一定的技巧和方法。請看如下的建議：

# ❶ 注意對方的年齡

## ★ 對年長的人：

向他們說軟話的時候，就要放低自己的姿態，表現得謙恭一些。或許，造成尷尬的原因在他而不在你，但你也不能說「我不會生您的氣」之類的話，因為這樣非但不能化解衝突，情況還可能越糟。在這些年長者面前，你可以說一些「您老德高望重，大人不記小人過」「我太年輕，少不更事，您老別和我一般見識」之類的話來安慰他，勸說他。

## ★ 對於年齡相仿的人：

對待年齡相仿的人姿態不能放得太低，因為那樣會給人你很矯情的感覺，軟話也不能說得太過，否則對方就會認為你是一個沒有底線、沒有原則而又窩囊的人。在向他們說軟話的時候，你的態度可以表現得輕鬆一些，也可以開一些無傷大雅的玩笑來緩衝一下氣氛。

## ★ 對於年紀比你小的人：

年齡比你小的人無論是工作經驗還是社會經驗都無法和你相比，這是你的優勢，也是他們最敏感的地方。在向他們說軟話的時候你不能在這方面大做文章，說什麼「年輕人犯錯誤是正常的」之類的話。這些話在你看來是服軟，但是在對方看來卻是挑釁和教訓。

## ❷ 要注意對方的語言習慣

在經濟全球化的時代裡，我們會遇到來自不同國家和地區的人，和他們在一起溝通的時候就要注意以下對方的語言習慣。在說軟話的時候也應該如此。比如中國人在請客的時候會說「粗茶淡飯，不成敬意」的客套話，但是在西方人聽來卻是「用粗劣的飯菜來招待你」，他們可能會覺得自己受到了不對等的待遇而不悅。為了避免出現第二次的尷尬，我們就應該瞭解一下對方的語言習慣，想一下軟話該怎麼說。

## ❸ 要注意對方的性格特徵

在說軟話的時候還應該考量一下對方的性格特徵。比如，如果對方是一個遇事非常敏感的人，你在說軟話的時候就不能開玩笑，繞彎子，以免讓他想得太多；如果對方是一個直性子，喜歡直來直去，你就可以以輕鬆的語調開一些玩笑；如果對方是一個非常強勢的人，你就要不卑不亢地告訴他你是偶爾失誤才說錯話的。如果你表現得太軟弱，他就會覺得你是個沒骨頭的傢伙，如果你表現得有些強硬，對方會認為你拒不認錯，意圖反抗。

## ❹ 要注意對方的心境

當尷尬出現的時候，每個人的心裡都會不痛快，但如果細細區分一下，就會發現不同人的心境也是各不相同的。比如，有的人在遇到尷尬之後可能會覺得悻悻然，而有的人會覺得沒面子，準備起身走人，有些人則會直言告訴你「你怎麼能說出這樣的話來」。面對不同人的不同心境和不同反應，你在說軟話的時候就要做到具體問題具體分析，選擇正確的說話方式和語言。比如，面對悻悻然的人，你就可以表情輕鬆地對他說「實在不好意思，剛才說錯話了」，對準備起身

走人的人就要適當地把身段放低，對他説：「對不起，我沒想到剛才説的話深深傷害了你」；面對指責自己的人説：「實在抱歉，我原本只是想開個玩笑的，沒想到您並不喜歡」等等。畢竟，軟話也需要看人説，如果在語言的選擇上犯了張冠李戴的錯誤，最後很可能會引來南轅北轍的結果。

## 話術 POINT

👉在日常待人接物中，經常會遇到一些脾氣很怪的人。其中有一種人就是「吃軟不吃硬」，與這種人相處，來強硬的不行，如果來軟的，許多事情往往會很容易辦到。在辦事過程中，如果你遇到這種人，為求順利、順心，就應該適應其性格，盡量與他説軟話，説尊敬他、讚美他的話，以求得他的同情、理解、寬容、體諒，獲得他的支持與幫助，從而達到自己的目的。如果你想把一個人給説服，就要會説軟話，以親切和悦的態度來軟化他的防衛心。

# 60 委婉說話，才能讓對方逐步接受

在人際交往中，你是否能顧及到他人的面子？

當你明知對方犯錯時，你會如何處理？直接指出還是視而不見？

你是否遭遇過好心指出他人的錯誤後反而招致對方嫉恨的經歷？

在工作和生活中，有不少人喜歡追求「表裡如一」。他們認為，作為一個正直豪爽的人，在語言上也應該直接坦率，沒有必要吞吞吐吐，欲說還休。FBI內部培訓講義裡卻指出，這種想法和做法是錯誤的，在和別人打交道的過程當中，如果以這種方式對人的話，很快就會出現僵局，讓交談的雙方彼此都下不了台。

英國思想家培根說過：「交流時的含蓄與得體，比口若懸河更可貴。」在我們與人交流、溝通時，有些話非直言不諱不行，但生活中並非處處都要「直」，有時候為了不傷害他人的自尊，含蓄、委婉的語言，表達效果會更佳。

做人固然要正直、坦蕩，但在說話的時候卻不適宜採取過於生硬和直率的方式。尤其是在雙方意見不能達成一致的時候，採取這種方式就會讓矛盾更加尖銳，使雙方談不下去。這是因為，不恰當的直言相告從某種意義上來說是對別人的否定，是對其自尊心的踐踏，會招致他人的反感情緒和敵視心理。為了避免這樣的情況，我們就要盡量說話不能過於直接，採用比較婉轉的方式來巧妙表達，漸漸讓對方逐步接受我們的意見。

某深山裡住著一位智者，鬢髮皆白，誰也說不清他有多大年紀。一天，有個年輕人來請求智者給他一些建言。智者笑眯眯地婉言謝絕，但年輕人苦纏不放。智者無奈，於是他拿來兩塊窄窄的木條，兩撮釘子，一撮螺絲釘，一撮直釘，一個鐵鎚，一把鉗子和一個螺絲起子。

智者先用鐵鎚往木條上釘直釘，但是木條很硬，他費了很大勁也釘不進去，倒是把釘子敲彎了，他不得不再換一根。一會兒功夫，好幾根釘子都被他打彎了。

最後，他用鉗子夾住釘子，用鐵鎚使勁敲打，釘子總算歪歪扭扭地進到木條裡面去了。但他也前功盡棄了，因為那根木條也裂成了兩半。

然後智者又拿起螺絲釘、螺絲起子和鐵鎚，他把釘子往木板上輕輕一敲，然後拿起螺絲起子轉了起來，沒費多大力氣，螺絲釘就鑽進木條裡了。

智者指著兩塊木板笑笑地說：「忠言不必逆耳，良藥不必苦口，人們津津樂道的逆耳忠言、苦口良藥，其實都是笨人的笨辦法。那麼硬碰硬有什麼好處呢？說的人生氣，聽的人上火，最後傷了和氣，好心變成了冷漠，友誼變成了仇恨。我活了這麼大歲數，只有一條經驗，那就是絕對不直接向任何人提忠告。當需要指出別人的錯誤的時候，我會像螺絲釘一樣婉轉曲折地表達自己的意見和建議。」

故事中智者的話告訴了我們一個重要的人生哲學：絕對不要直接向任何人提忠告。當需要指正別人錯誤的時候，就要像螺絲釘一樣婉轉曲折地表達自己的意見和建議。

委婉是一種既溫和又能清晰地表達思想的談話藝術。它的顯著特點是「言在此而意在彼」能夠引導對方去領會你的話，去尋找那言外之意。從心理學的角度來看，委婉含蓄的話不論是提出自己的看法還是向對方勸

說，都能比較能顧及到對方心理上的自尊感，使對方容易贊同、接受你的說法。

這就是智者的人生經驗，那麼具體到口才上，你又該如何婉轉地指出別人的錯誤呢？記住以下的原則，你就能做到這點。

當然，委婉表達自己的意見也需要一定的方法，FBI為我們提供了如下幾種技巧：

### ❶留有餘地

說話不要說得過於絕對，以免給對方造成反感，同時也讓自己失去迴旋的餘地。

### ❷間接提示

透過相關連的事件或者道理，「間接」地表達資訊。讓對方在推理中去感知，從而更好地去接受你的意見。

### ❸旁敲側擊

不直接切入主題，用打擦邊球的方式將一些看似不相干的話，讓對方在似有似無的語境中明白你的真實意圖。

# ❹ 比喻暗示

將一些道理放在與之相類似的、具體的事例之中，從而讓對方更好地去領會你索要傳達出的資訊和要表達的內容。

# ❺ 多用設問句

祈使句往往會顯得比較武斷和蠻橫，讓別人覺得你是在高高在上地發佈命令。而設問句則是把雙方放在了對等的位置，用商量的口吻去探討問題。因此，後者更容易讓人接受。

# ❻ 先肯定，再否定

出現意見分歧的時候，不能粗暴地去全盤否定對方的觀點，而是先找出對方合理的內容進行肯定和讚揚，然後用轉折句引出下文，提出更合理的意見和建議，以便於讓對方樂意接受。

📌在這裡，委婉並不是虛偽，而是一種方式，一種以真誠坦蕩的溝通來對待人的方式。它尊重他人的感受，不輕易傷害他人。

每一個人都難免有犯錯的時候，作為討人喜歡的說話方式，私底下去糾正他應該是面對別人做錯時所採取的第一步行動。在別人做錯的事比較嚴重時，我們應該以私下談心的方式委婉指出，用語盡可能婉轉一些，尤其不要當眾讓對方下不了台。

太直白的表達方式有可能會讓對方氣憤，讓他只想著如何去反擊和報復你，而不會想到如何去改變自己的不足，這和你的初衷會有很大反差。說話如果不懂得婉轉些，往往會傷到聽者的心。因此，表達自己的觀點時一定要注意使用方法和技巧，要委婉表達，這樣才能讓人易於接受。

# 不要怕開口，勇敢去挑戰

　　人人都可以是交談的高手，那些自認為不善言談的人，主要是心理素質上有問題。世上沒有不會溝通的人，只是因為有些人害怕和人打交道，或者是不習慣和人打交道罷了。其實，一個人之所以會產生恐懼心理，是因為他的內心會莫名其妙地產生一種不確定感。在陌生人面前，他不知道自己能否給別人留下一個良好的印象，也恐懼因為口誤等原因而在外人面前丟臉。當說話效果成為一個未知數的時候，就難免產生滿心的焦慮和恐懼。這就好比是一個人走進了一個陌生的、黑暗的環境，面對一片漆黑和未知的前途，他自然會焦慮、恐懼和害怕。要克服這種消極心理，我們就應該足夠的信心、勇氣和膽量，不要因為害怕別人的取笑而感到恐懼或是膽怯。

　　每一個人面對陌生的人或者是事物，難免會產生退縮、害怕的想法。我們需要做的，不是任由這種怯懦瘋狂增強，而是要努力克服，大膽地進行表達，想要做到大膽地表達，最好的方法就是讓自己多開口、多說話。那麼，怎樣才能讓自己習慣開口說話呢？那就是──積極把握與人交談的機會，抓住時機與人進行寒暄和攀談。只要是說的次數多了，也就習慣成自然，與人交流也就不再害怕了。

那麼，我們要怎麼尋找和抓住鍛鍊的機會呢？以下提供幾種方法；

## ❶ 多和家人溝通交流

家庭是練習口才的最佳場所，也是最容易找到話題的場所，比如經濟收入問題、父母養老問題、子女教育問題、飲食起居問題等等，都可以拿來和家人進行溝通討論，以訓練自己的表達能力。如果你能夠提出一些有益的意見，幫助家人解決一些實際性的困難，就說明你的溝通能力有了明顯的進步。

## ❷ 與朋友有事沒事多聊天

與朋友頻繁往來，談天說地，也是練習表達力的重要途徑之一。我們的朋友有著不同的性格，不同的愛好，不同的年齡，不同的社會地位、職業、工作，與他們聊天時也會遇到不同的問題。多和他們進行交流，就等於是多角度地和這個社會接觸，不僅可以鍛鍊自己的溝通能力，也能豐富自己的見識，對社會上出現的一些問題也就有了更進一步的瞭解。和朋友交談的次數多了，聊起天來也就少了一些拘束和窘迫，自己發言表達意見時也就不再拘謹，反而還能侃侃而談，講出獨特的意見和見解，進而得到他人的信服。一旦到了這個時候，你的膽量就會漸漸大起來，就不再害怕開口說話了。

## ❸ 大膽地「走出去」參加聚會

在陌生人聚會的場合是最能訓練說話膽量的地方。不論是工作上或生活上

我們每個人都免不了會參加一些社交活動，在社交活動中也免不了要遇到一些陌生人。在這種場合之下，我們不能沉默寡言，一言不發，做悶葫蘆，而是要主動「走出去」，抓住機會與人聊上幾句。

在聚會場合，不要怕找不到與人交談的機會，其實，這樣的機會有很多。大家相聚時，不外乎出現兩種情形：一是一大群人在興高采烈地交談，而有幾個人卻孤零零地站在一邊。在這個時候，可以加入到人數比較多的那個圈子當中去和別人交流交談，你沒有必要害怕什麼，因為在這種情況下，所有人都希望參與討論的人越多越好；當然，你還可以主動去和那幾個「孤單」的人打招呼，向其介紹自己。在陌生人面前，沒必要太拘束，也不用太正經，可以聊一些天氣變化之類的話題，然後再逐漸加大話題的深度，或者是引導對方朝著自己所擅長的話題去聊。

無論碰到了什麼樣的情況，都沒有必要因為生疏而膽怯，實際上，只要是你自己願意主動開口，對方就不會拒絕。退一步來說，即便是被拒絕了也沒有什麼大不了，因為彼此誰都不認識，根本就不用考慮面子的問題。

總之，膽子是練出來的，心理素質是培養起來的，無論在任何場合情況下，我們都應該積極把握和別人交談的機會，嘗試著與他人閒聊、寒暄，鍛鍊自己的膽量，建立自信心，從此擺脫悶葫蘆，讓你遇到任何人都能聊上幾句。

👉不要怕丟臉，大膽開口說，更別怕說錯，要認真積極參加每一項活動，抓住每一次開口的機會。不要怕自己沒有詞彙，不要怕自己沒有閱歷，其實每個人的故事，每個人的經歷都可以成為你講話的題材。關鍵是要敢講、多講。所以在平時的生活中，就要經常運用各種管道去講，抓住一切機會去挑戰。多練習和陌生人溝通，不管人多人少，一個人也可以自己訓練，兩個人、三個人以上就是一個小團隊，就可以主動挑起話題，主動進行一些訓練。

**CHAPTER**

# 06

# FBI教你巧用溝通規則，
# 提升效果

　　語言表達沒有固定的形式，但言談卻有一定的規則。要想讓自己的溝通
變得更專業一些，效果更好一些，就要熟練掌握3M法則、善於運用溝通資訊
不對稱法則、合理利用相依理論，熟練掌握避重就輕原則以及給人以積極期待
原則和眾人作證的原則。而面對不同的溝通對象，需要運用不同的溝通形式，
才能句句說到對方心坎裡。

*Discourse psychological techniques*

# 「3M法則」讓每段話都說得更清晰

在交際場合，很多人都希望能將自己的意見準確無誤地表達給對方，不願意出現任何不清晰的語言。這是因為，不清晰的語言就不具備傳情達意的功能，也無法和溝通對象進行完美的交流，反而會成為一種累贅和阻礙。但是，由於一些主觀和客觀原因的制約，很多人在說話的時候常常會有咬字不清、聲音不大、語意含糊的現象。他們對此苦惱不堪，卻又無可奈何，甚至因此自暴自棄，而把自己封閉起來，不願意再和別人進行溝通。

要想改變這些現狀，讓自己所說的每一段話都非常清晰並不是一件難事，只需要學會「3M法則」就可以了。

什麼是「3M法則」呢？這是由美國的語言病理學家勞加‧格拉夫博士提出來的一種法則，「3M」取自「More、Mouth、Movement」這三個字母的首個字母，這三個單字合起來的中文意思就是「說話時盡量增大嘴巴的活動幅度」，堅持這樣做，就能確保自己說的每一段話都非常清晰。

FBI內部培訓講義裡說，如果說話時能把話說得清楚就是個技能了。我們從一些相關學者那裡瞭解到，每個人每天用於說話的時間平均是兩小時。如果將這些話全部以文字的形式表達出來的話，那麼每個人的一生就等於是寫出了一千本書，並且每本的書都不會少於六百頁。但是，在這

一千多本「書」中，至少有九百多本是次級品，而這九百多本次級品形成的原因，則是由於說話不清所造成的。為了避免出現更多的次級品。我們就應該多多利用「3M法則」來要求自己和鍛鍊自己。

練習
Tips

在FBI內部，凡是剛剛到職的新員工，除了要接受必要的專業技能訓練外，還要對說話時的發音和表情進行培訓。在進行這項培訓的時候，教官們就會要求學員盡量增大張嘴和閉嘴的幅度。這是因為，對於平時不大習慣張大嘴巴說話的學員們來說，這簡直就是一件折磨人的訓練。但是，堅持上十幾天之後，他們就會慢慢適應，同時也養成了張大嘴巴說話的習慣。

除此之外，教官們每天都培訓學員們發「a」音，因為「a」是最能訓練嘴巴的音節。這項培訓有著非常嚴格的要求：嘴巴張開時必須要留出兩根手指的寬度，如果低於這個寬度，就說明不及格，如果高於這個寬度也不行，因為那樣會很不雅觀。在剛開始進行培訓的時候，有些敏感的學員因為牙齒不齊、牙色發黃等原因不好意思開口，但是在教官的一再要求下，都不得不收起了羞澀之心。經過十幾天的訓練之後，他們說話的清晰度就有了明顯的進步。

「張嘴巴」的訓練，不僅可以加大嘴巴的幅度，增加語言的清晰度，還能夠充分調動起臉部的每一塊肌肉，從而讓學員們的表情變得豐富起來。如此一來，就形成了語音清晰度和語言豐富的完美結合。這就大大增加了FBI與人交流時的魅力，也幫助其建立了一個強大的氣場。那些和FBI進行交流聊天的人，都會被他們身上散發出的氣勢所吸引，願意和他

們說話，樂意將自己的想法告訴他們。

在現實生活中，很多人並不贊同「3M」法則，他們認為，嘴巴張得太大，聲音太大有損自己的形象，也是非常不禮貌的行為。這種想法固然有一定的道理，但是卻有些片面，也是對3M法則的誤解。3M法則提倡的增大嘴巴的活動幅度並不是要求把嘴巴張到最大幅度，將聲音調到最高分貝，而是對嘴巴幅度和聲音分貝的適度提高。因此，我們就不必有這方面的擔心。

**話術 POINT**

👉在日常交際生活當中，如果你不喜歡張嘴，說話的聲音非常小，談吐清晰度非常低的話，就一定要在這方面多下工夫，用「3M」法來鍛鍊自己，提升自己。只要是堅持自我訓練上一段時間，你的表達能力就會大幅度提升，你的人際溝通也會得到極大的改善。

# 63 善用溝通的「資訊不對稱性」

　　資訊的不對稱性，是指在商場上、市場交易之中，產品的賣方和賣方對產品的品質性能等所擁有的資訊是不相對稱的。產品的賣方會對自己所生產提供的產品擁有更多的資訊，而產品的買方對所購買的產品擁有的資訊則非常少。商業活動中的資訊不對稱性會造成市場的失靈，即在同一價格標準上低品質產品排擠高品質產品，減少高品質產品的消費甚至將高品質產品排擠出市場。

　　FBI的內部培訓講義裡提到，在經濟生活中，我們要盡量避免出現資訊不對稱性，但是在與他人溝通的時候，則完全可以利用這種不對稱性來幫助自己，最終來達到自己的目的。

　　那麼，我們要怎樣有效利用資訊的不對稱性呢？FBI說，這就需要溝通的主動方把自己當成「賣方」，掌握到大量的資訊，進而引起對方的關注和注意，從而更好地控制他、利用他、牽著他的鼻子走，最終達到自己想要的結果。

　　究竟要如何利用資訊的不對稱性呢？我們需要注意以下兩點：

# ❶想法影響對方，不失時機地予以許諾

每個人的想法和需求以及價值觀都是不同的，但是，這些東西卻未必就是獨立存在的，往往會受到其他因素的制約。FBI探員那爾羅曾經說過：「每一個人做出的選擇，實際上並不是百分之百都代表自己的想法，在這個過程中，每一個人都會受到其他因素的干擾。」也就是說，每一個人的決定，都或多或少地受到了他人的影響。因此，在和別人溝通的時候，我們要充分發揮自己擁有豐富訊息量的優勢，想盡辦法來影響對方，然後再不失時機地予以許諾，最終讓他按照你的想法去行動。

FBI特務喬爾斯在追捕內奸布朗德的時候就曾經使用過這種方法。當時，布朗德並不知道自己的底細已被FBI掌握，還在為自己能夠成功隱蔽而沾沾自喜。喬爾斯在準備追捕他的時候，他正在悠閒度假。

喬爾斯在逮捕布朗德之前，給他打了一個電話：「我被老婆趕出來了，現在無家可歸。」

「真遺憾，看來你只好睡辦公室了。」

「但是，我不想睡辦公室，能不能到你家裡借住一晚？」

「好吧，你下午就過來吧。」

兩個小時之後，喬爾斯帶領員警包圍了布朗德，成功將其逮捕。

很多人都覺得布朗德真是個愚蠢的傢伙，連這麼一個明顯的陷阱都沒有看出來。實際上，並不是因為布朗德笨，而是因為喬爾斯太聰明了。他用設計好了的圈套將布朗德「綁」在自己的家中，一舉將其抓獲。因為他成功地將自己的想法影響到了布朗德，也麻痹了他，才成功完成任務。

# ❷直擊對方的心理弱點，以誘惑性的條件來吸引他

FBI探員在調查線索時，一旦得知某個市民願意提供有效資訊，就會表現得

非常興奮，並許下承諾：「我不但會保障你的安全，還會向聯邦政府申請獎勵給你。」。實際上，FBI探員未必能幫助他申請到獎勵，但是他們這樣說，就等於擊中了知情市民的心理弱點，讓他失去了退路，不得不將所知道的實情一五一十地說出來。因為他們已經不好意思拒絕探員的要求了，更不願意扮演言而無信的角色，無論是否心甘情願，他們都已經別無選擇。

絕大部分人都會有這樣的心理弱點：一旦有人給他們臉上「貼了金」，誰也不好意思撕下來，而是會受到非常大的鼓舞。如果他們推翻了自己此前做出的決定，勢必會覺得無地自容。一個有著高度自尊心的人通常都不願意做這種自取其辱的事。因此，在必要的時候，你就應該向其傳遞出大量的資訊，開出一些具有誘惑性的條件來吸引他，滿足他的心理需求。

在現實生活中，我們可以多多利用「資訊不對稱性」來和別人進行溝通。比如，公司的上司常常會告訴他的下屬說：「好好做，公司絕對不會虧待你，只要是表現好，就會有一大筆獎金和公費旅遊等待遇。」員工聽了之後，自然備受鼓舞，幹勁十足。事實上，公司能不能提供這些豐厚的待遇還是一個未知數，但上司掌握的資訊畢竟比員工掌握得多，在話語權上取得主導位置，自然就能夠有效利用資訊的不對稱性來讓員工為其效勞。

**話術 POINT**

☛在與別人溝通的時候，我們完全可以利用這種不對稱性來為自己服務，最終來達到自己的目的。只要是你掌握的資訊比別人多，你就能擁有更多的話語權，從而加以有效利用「資訊的不對稱性」來和別人溝通交流。

# 64 避重就輕的迂迴溝通法則

在與人交往時，我們免不了要和一些個性固執的人交流溝通，他們的防備心理比較強，不願意說出實情，不肯和我們合作。遇到了這樣的人，要想順利從其口中問出實情來，絕不能「強攻」而是要靠「智取」，必須採避重就輕的迂迴術來達到目的。

避重就輕的言談迂迴法則就是迴避對方不肯回答的問題，選擇一個與該問題有關但卻不會對溝通對象的心理產生影響的問題來繼續詢問，然後再迂迴包抄，巧妙地過渡到你真正想問的問題上來。這樣一來，就能輕鬆化解對方的心理防線，獲得實情。

FBI在審訊犯人的時候，經常會運用這種方法。

傑森因上傳非法資訊到網路上而被傳喚到了FBI分局。但是，他堅決不承認自己做了這些事。審訊他的探員威廉就不再逼問他，而是採用了「避重就輕」的談話策略。他先是溫和地對傑森說：「我也認為那些東西不是你上傳的。但我們調查的情況卻是該資訊來自於你的電腦，你的電腦裡面也儲存著很多這一類的資訊。這一點你能解釋一下嗎？你仔細想想，是不是你在上網的時候有遭受到病毒侵入，而你在不知情的情況下將那些資訊發佈到網路上？是不是你在下載其他檔案的時候也把這類的資訊下載了下來呢？」

傑森點了點頭，回答說：「有可能。」

威廉繼續問道：「你再想想，你最近是不是接觸了含有類似資訊的網站？或者是不留神時進入了這一類網站，發現這是不良資訊之後就馬上關閉了呢？」

傑森遲疑了一下，回答說：「可能是」

威廉又說：「還有一種情況，你是不是曾經收到過包含相關資訊的電子郵件，而你在不知情的情況下按照郵件的指示點擊了這類網站並被電腦自動下載了呢？」

傑森說：「情況應該是這樣的。」

威廉說：「我現在最想明白的是你是故意上傳這些內容的呢？還是無意而為之。你要明白，無意上傳和故意上傳有著本質的區別，所要負擔的法律責任也不一樣。到現在為止，我們不知道你是無意還是有意，如果你不承認的話，我們只能推斷你是故意而為之，並會把你送到司法機關進行審判；如果你願意配合我們的工作，承認是自己無心上傳的，只會受到一些警告，並不會承擔刑事責任。」

傑森聽完這番話，臉色舒緩了很多。緊接著，他就老老實實地承認了自己發佈資訊的事實，承認自己並沒有危害國家安全的動機，只是因為一時好奇點擊了別人發給他的郵件上的網址才釀成大錯的。

練習
Tips

從以上的對話我們可以看出，探員威廉在審訊傑森的時候，沒有義正詞嚴地對他說教：「上傳危害國家安全資訊會對整個國家帶來不可估量的損失，也會給國民的心靈蒙上陰影，會造成社會的動亂和人心的不安，如果你不坦白交代，必定會受到法律的嚴懲。」而是以聊天的方式，用避

重就輕的方式套出了實情。很顯然，避重就輕的方式能夠有效解除對方的敵意，還能盡量爭取對方與自己進行合作，既避免了衝突的衝擊，又有效地解決了問題，可謂是一舉兩得。

在現實生活中，利用這種技巧來進行溝通的選擇也是隨處可見的。比如，銷售人員在對顧客講解商品的時候，很少會把重點放在商品的價格上，而是把大量的時間都聚焦在對產品品質以及售後服務的介紹上。儘管對於銷售員來說，錢是最重要的，但是他們卻很主動去談。這是因為，如果張口就說價格的話，顧客很可能會因為要價太高而轉身走人，最後買賣非但做不成還有可能會落個見錢眼開的臭名。而把時間用在產品介紹上，則比較容易引起顧客的興趣，加大他們掏腰包的機率。

在與人溝通時，如果你談論的話題可能會對對方造成一定的利益損失，很難讓其願意與你合作的話，你沒有必要去強求對方，也沒有必要打消溝通的念頭，而是應該和FBI一樣，採取一下避重就輕的方式來和對方交談。這樣，你就能讓事情發展照著你的劇本走。

**話術 POINT**

◆說話要學會「繞」彎子，尤其是在某些特定的環境下，既要避免因直言表述、顯露鋒芒使雙方形成對抗，還能委婉地表達自己，使話說得很藝術，又能使聽話的人心領神會，明白你話中所想要表達的重點。對於想表達的意思與觀點都採用迂迴戰術，或用比喻，或用對比，總之要想辦法把意思表達給對方，讓對方自己去揣摩、去研究，最後達到你預期的目的。

# 給人以積極期待的期望定律

FBI說，想讓別人按照自己的意圖去行事，不能靠直接命令，而是要善加運用期望定律。所謂期望定律，是指當我們對某些人或事物寄予積極的期望時，這些所期望的人或事物就會朝著我們所期望的好方向發展；當我們對某些人或者是事物寄予消極的期望時，這些期望的人或者是事物就會朝著我們所期望的壞的方向發展。

FBI們在培訓新學員的時候，通常會採用這種方式來對他們進行訓練。教官們會對每一批加入FBI的新成員進行一番激勵，告訴他們：「你們是從全國幾億人中挑選出來的菁英，維護美國社會的穩定就寄託在你們身上，你們一定不會讓全國人民失望。」那些新成員們在聽到這些話之後，全都鬥志昂揚，熱血沸騰，在訓練的日子裡，就會積極主動地去學習格鬥技術以及偵查技巧，以最短的時間圓滿結束培訓任務，積極地投入到工作當中，用實際行動證明自己優秀的素質。

在潛意識中，人往往會按照別人的期望去做事。因此，如果你想要別人按照你的要求、期望去做事的話，就完全可以將自己對他的期望明確地表達給對方。告訴對方：「我很看好你」「你是最棒的」。這樣一來，對方的自信心就會破表，做起事情來也是精神百倍，最終也一定能夠取得非常好的效果。

在工作中，我們也完全可以用這種方式來對待同事或者是下屬，利

用期望定律去引導別人做事。

年假剛剛結束，公司老總特意約見一名優秀業務員，對他說：「根據去年的績效考核，高層一直認為，你是公司裡最優秀的銷售人員。因此，我決定提升你為銷售經理，還專門挑選了十幾個優秀的業務員歸你管轄，讓你們組成本公司最強大的銷售團隊。不過，考量到其他員工們的情緒，你盡量不要表現出太多的優越感，也不要把這個秘密說出去。等到時機成熟之後，我會在公司大會上向全體員工說明情況的。」這名優秀業員聽後，非常感動，當即表示要用實際行動向公司證明自己的團隊是最優秀的。

一年很快就過去了。經過考核後，由這名優秀業務員帶領的團隊取得了最優秀的工作成績，其完成的銷售總額占到了公司銷售量的百分之六十以上。在年會上，老總專門給他發了一個大紅包，並號召全體員工向他們學習。等年會結束之後，老總把他留了下來，告訴了他一個秘密：其實，他不是最優秀的銷售人員，他的團隊也不是最強大的團隊，而是隨機挑選出來的。

在這個故事中，老總撒了謊。所謂「最優秀的」和「最強大的團隊」其實都是非常普通的員工。但是，由於老總在公司裡的權威性，沒有人會對這個謊言提出質疑。首先，那名新提拔的銷售經理相信了他，接著，銷售經理也在不知不覺之間透過自己的語言和行為將這種期望傳遞給了他的團隊——「我期望你們是最優秀的，你們一定不要辜負公司對我們的期許。」如此一來，無論是銷售經理也好，還是普通的業務員也罷，他們的自尊心和自信心都前所未有地被激發了出來，因此，在工作的時候也就充滿了幹勁。最終，在他們的共同努力下，取得了亮眼的優異成績。

在利用期望定律的時候，我們還應該注意一下，不能讓對方做那些難度過大、困難過多的工作，因為那樣的話，不但會給別人造成嚴重的心理負擔，還有可能讓你的精心編織的「謊言」迅速破產，也會讓他們失去對你的信任。

為了避免讓你的期望產生負面作用，你就應該注意以下幾點：

1. 具體的期望需要綜合考慮一下當事人的整體實力，可以交給他一些有點難度的工作，但難度絕不能超出太多對方所能負荷的，而是要和對方的真實能力相匹配。

2. 如果對方達到了你的期望，你就不要忘了讚美他，告訴他「你真行，我果然沒有看錯人」。

3. 如果對方沒有達到你的期望，也不要過多地去苛求他，指責他，而是應該給予激勵和安慰，多找一些客觀的原因，不對他的能力產生質疑。這樣既能顧全他的自尊和自信，也更有利於贏得人心。

話術
POINT

👉給對方積極的期望，能夠最大限度地滿足他實現自我價值的需求。除此之外，還能夠激發起他的責任心、自尊心和成就感等一系列積極的心理因素，讓他自動自發去按照你的想法去做，並且還會竭盡全力盡量地將事情做到最好。

# 66 讓更多的人成為你的「靠山」

FBI的內部培訓講義中提到，對於那些防備心理比較強不太容易被說服的人，我們可以採取讓更多的人成為自己的「靠山」，用第三方的意見來影響你想要說動的人。這樣一來，就能很快消除對方的反抗心理，讓他和自己站在同一個立場上。

假設FBI探員向某個市民調查線索，但卻遭到了拒絕。FBI就會這樣說：「剛才很多市民都向我提供了有利的資訊，您怎麼能拒絕和我合作呢？您怎麼能拒絕為國家的安全做出自己應有的貢獻呢？」被調查的市民聽說了這個事實之後，自然就不好意思再拒絕提供線索了。這就是一個典型的用別人做「靠山」說服人的情形。

在現實生活中，兩個陌生的男女從相識到相戀，不僅僅是因為他們的精神上有共同的東西，更多的則是他們身邊的人對他們的結合有著很高的評價與期待，認為他們是「天生一對，地造一雙」。換言之，如果他們的結合遭到周圍絕大多數人的反對，他們兩人之間的愛情之路勢必走不了多久。

在生活中，我們完全可以讓別人的意見來作為自己的意見「靠山」。這種說服方式不僅僅是一種意見的表達，更是一種隱性的灌輸，它可以有效地讓被說服方朝著自己期望的方向去做事。

有一個保險公司的經理，在開會的時候就比較擅長利用這一點。在

每一次開會的時候,他都會先提出大綱,然後再告訴員工們:「這是公司上司們經過商議之後一致決定的意見,剩下的內容你們再詳細地討論一下,最後咱們再做決定。」講完之後,他就坐在一旁不隨意發表意見,讓開會的員工們自己去討論。員工們討論完畢,他才又發言說:「既然大家都這麼認為,那以後大家就朝著這個方向努力吧。」

其實,所有的結果在他提出大綱時就已經結束了。他用公司上司的意見來做靠山,員工們就會認為既然上頭高層們一致決定這樣做,就不會有什麼錯,我們只需要把細節補充一下就可以了。——這位經理的聰明之處就是,不把自己的意見強加於人,而把它說成是大多數人的意見。如果有誰敢反對這種意見,就等於是在反對集體的決定,因此,也就沒有人敢跳出來自討沒趣了。

每一個人的心裡面都有著很大的「跟風」「西瓜靠大邊」的心理。在對某件事情的認識上,喜歡和大眾保持一致的步調。在他們看來,別人所做的決定,為他們提供了榜樣,代表了正確的方向,如果不和大眾保持一致的話,就等於是做出了有悖於真理和道德的事情。正是因為如此,利用更多的人來做自己的「靠山」這種溝通方式,總是能夠產生神奇的效果。

美國的《應用心理學》雜誌,在一九八二年就刊登過一篇研究報告內容提到:

有一批研究人員挨家挨戶為一項慈善運動募款,並同時向每戶人家出示一份該社區已經捐款的人員名單。研究人員發現,捐款人的名單越

長，後續者同意捐款的可能性就越大。

還有，某研究中心的另一項實驗也證明了這一點。他所列出的研究提案就是：「如果市民撿到了一個錢包是否會歸還失主？」

剛開始，他們只問：「如果你撿到一個錢包是否會歸還失主？」很多人回答：「在某些情況下，可能會傾向不歸還。」然而，當他們的提問變成：「在本市有幾位市民撿到了錢包，他們在第一時間就找到了失主，並歸還了錢包。如果撿到錢包的人是你，你會歸還錢包嗎？」這時，很多人的回答都是：「是，我也會馬上歸還的。」

一般情況下，群體成員的行為，通常具有跟從群體的傾向。當一個人發現自己的行為和意見與群體不一致或與群體中大多數人有分歧的時候，就會懷疑自己的意見是不是錯誤的，如此一來，他就會感受到一股壓力，為了擺脫壓力，他就會讓自己的意見和群體保持一致。

另外，從眾心理也是很多人為了獲得安全感所選擇的一種心理和行為，這是因為一個人在不知道該如何選擇的時候，往往會傾向於參考別人的想法，因為他們會認為大多數人的選擇是沒有錯的，而自己就會根據眾人的選擇而選擇。

**話術 POINT**

☛在人際交往當中為了獲得你期望的那些人的肯定，不妨多為自己拉拉票，支持你的人多了，本來對你沒什麼興趣的人自然也會注意到你、進而認同你。故而，我們在說服的過程中，就應該靈活運用從眾心理，在和別人交流的時候，多講一下「這是大多數人的意見」，以此來消除對方的反抗心理，讓其和自己的意見保持一致。

# 67 面對上司，FBI教你如何巧妙溝通

在平常的工作和生活當中，有相當多的機會，我們必須要和上級、老闆進行溝通。由於上下地位的差異，很多人在和上級溝通的時候往往都會因為膽怯、準備不足等原因而溝通失敗，最後非但不能取得良好的效果，反而還讓自己在上級眼中的大失分。針對這種情況，我們就應該好好學習一下和上級之間進行溝通的技巧。

如何與上級之間進行巧妙的溝通呢？以下提供幾種方法：

## ❶ 面帶微笑，充滿自信

我們知道，在和人交談的時候，一個人的語言和表情所傳遞的資訊各占50%。一個人對自己工作和想要表達的想法充滿信心的話，無論他面對的是誰，表情都會輕鬆自然；反之，如果他對自己的工作和想法缺乏必要的信心，那麼，在言談舉止上就會有所流露，臉部表情也會顯得非常不自然。試想一下，一名FBI在和長官針某個案件進行討論時，表情緊張，侷促不安，結結巴巴，欲言又止，無論他準備得多麼充分，所要表達的內容多麼有說服力，恐怕都無濟於事。這是因為他的神色、表情顯示出他沒有信心，既然連他自己都不相信自己，又怎

麼能讓上司去相信他呢？

因此，我們在和上級進行溝通的時候，一定要保持良好的心態，面帶微笑，充滿自信地與其進行交流。用你的自信和微笑去感染他，征服他。

## ❷說話簡明扼要，講重點

上司的工作非常忙，時間也很有限。當我們在和他們溝通時，就應該少講一些無關緊要的話，做到簡單明瞭，重點突出。在聯邦調查局，FBI的上司們最關心的就是案件的進展情況、解決案子的方法。因此，那些探員們都會把溝通的重點都放在這些問題上。

在工作中也是如此，老闆們最關心的是投資和績效的問題，他希望瞭解投資報酬率、回收期、專案盈收多少、虧損與否等等。因此，職員們在和上司交談的時候，就要重點突出，簡明扼要地告訴上司想要知道的東西，絕不能東拉西扯，分散上司的注意力。

## ❸仔細聆聽上司的命令

在FBI內部，當一項重要的案子確定了大致的方向和目標，制訂了具體的方法之後，長官通常就會責派專人來負責具體的工作。長官對某一個下屬做出了明確的指示之後，該下屬就要仔細聆聽，牢記於心，瞭解自己的職責所在，還會用最簡潔有效的方式去覆述一遍長官的吩咐，以確保準確無誤。

在工作中，如果上司指派一項任務給你，你就應該集中精力，認真聆聽，遇到不懂的地方可以及時詢問，以更有效地去執行任務。在聆聽的時候，你可以有所回饋，但是不能和上司討價還價，也不能三心二意，漫不經心，聽不進去。

# ❹讀懂上司的表情

在和上司溝通的過程當中，作為下屬，就應該讀懂上司的表情，然後再根據這些表情給出相應的回應。比如，上司對下屬所表達的內容不感興趣，神情中帶有些許的不耐煩，這時下屬就應該即時閉嘴或者是轉換話題。如果上司對某項談話內容非常感興趣，就應該繼續進一步的闡述和必要的補充，從而讓彼此的溝通朝著良性的方向發展下去。

# ❺選擇恰當的時機

由於上司也是人，根本不可能時時刻刻都保持著充沛的精力，也不是整天沒事，等著你來報告。因此，探員們首先都會選擇一個恰當的時機，很少會在上司心神意亂、身心疲倦的時候去打擾他。

應用到我們的工作上也是如此。當你想和上司進行有效的溝通，也應該選擇適當的時間。一般情況下，最好不要選擇在剛上班和快下班的時間。因為，剛上班的時候，上司會因為有很多事情需要處理，快下班的時候，上司在忙完一天的工作正感到疲倦心煩。這些都不是和上司進行溝通的好時機。下屬和上司進行溝通的時間最好選擇在上午十點左右，因為這個時候上司剛剛處理完早晨的業務，有一種如釋重負的感覺，此時正在從容地進行著本日的工作安排，你的適時出現，比較容易引起上司的歡迎和重視。

# ❻尊敬上司，勿傷其自尊

美國是一個強調「人人平等」的國度，但這並不等於上司在下屬面前沒有任何權利可言。事實上，在FBI內部，上下關係都有著明確的界限，下屬不尊重長官的行為會被視為沒有職業道德。因此，FBI在和長官們進行溝通的時候，都表

現得畢恭畢敬，很少會做出踰矩的事。

在工作時和上司進行溝通我們更要注重尊敬上司。比如，當你的建議和提案被上司否決的時候，你可以說明與解釋，也可以進行有限度的爭辯，但是不能和上司發生爭吵，更不能指責上司。因為那樣做，是在侮辱上司的自尊，會令他非常反感。

👉一定要抱持真誠尊重上司的態度，上司能做到今天的位置，他們付出的心力是不容小覷，內心也希望得到尊重與理解。要經常跟上司進行眼神交流，及時讀懂上司內心的所思所想，在適當的場合把合適的話說出來，贏得上司的喜歡與重用。

再來是一定要會換位思考，如果我是上司我該如何處理此事，然後再與上司討論處理方法。對上司的指導要加以領悟與揣摩，在表達自己意見時要讓上級感受到這是他自己的意見，巧妙借上司的口陳述自己的觀點，贏得上司的認同與好感，這樣就能讓溝通成為工作有效的潤滑劑而不是誤會的開端。

# 68 溝通有心計，彙報工作有技巧

在工作中，我們每一個人都需要和上司進行溝通，定期不定期地進行工作彙報。有的人在彙報工作時，說得頭頭是道，讓上司聽得頻頻點頭，連連稱讚；而有的人在彙報工作時則漏洞百出，前言不搭後語，讓上司聽得心煩意亂，痛苦不堪，甚至大發雷霆。為什麼會出現這樣的結果呢？FBI告訴我們，這是因為彙報工作時採用的方法不同所導致。

我們都想做一個被上司稱讚的員工，而不願意做讓老闆頭痛的下屬。那麼，這就需要在彙報工作的時候掌握一定的技巧了。

那麼，具體的技巧是什麼呢？筆者總結出了如下幾種方法：

## ❶ 調整好心理狀態，創造融洽的溝通氣氛

良好的心態是成功溝通的必要前提，如果一個員工在和上司溝通之前心情低落，狀態不佳，就會把壞情緒傳染給上司，讓他變得心煩意亂，煩躁不堪。一旦出現了這種情況，彙報工作就很難進行下去。

## ❷彙報工作時必須講重點

上司一般都比較忙，沒有太多的時間聽你詳細介紹工作的細節，他關心的只是重點。如果你在彙報工作時平均用力，在枝微末節的問題上糾纏不清，上司難免就會產生不滿。在彙報重點工作的時候，你一定要有做法、有成效、有經驗、有體會，讓上司聽了之後，有所收穫、有所啟發。

## ❸善於挖掘、善於歸納和總結亮點

多提出一些具有指導意義和示範作用的好經驗和好做法。這些東西能夠抓住上司的心理，引起他的關注，同時也能發現你的工作能力，對你萌生好感。

## ❹彙報焦點問題

焦點問題的重要性比重點問題還要重要。它是指那些影響或制約基層單位長遠建設和發展，並帶有一定的傾向性問題。向上司彙報焦點問題，可以讓他瞭解你和你所在部門的工作現狀，也可以讓他提供一些建設性的意見給你。

## ❺彙報困難

工作上遇到了一些小困難，沒有必要向上司訴苦，如果遇到了一些自己無法解決的重大阻礙，就應該及時找上司溝通。在彙報困難的時候，必須客觀講明自己的情況，同時不能大倒苦水，以免引起上司的反感。

## ❻彙報要有邏輯性

彙報工作最忌諱的是「鬍子眉毛一把抓」，講到哪兒說哪兒。一般來說，

彙報工作的時候要抓住個人工作的整體思路和重點核心這條線；分頭報告相關工作的做法措施、關鍵環節、遇到的困難、處理的結果、收到的成效等內容，將之有效結合成一個面。這種彙報工作的方式，能夠讓上司同步了解，不至於產生誤會。

## ❼不好的消息不要隱瞞

有些人為了不讓上司責怪自己或者是不想讓上司費心，總是傾向報喜不報憂，想方設法不讓上司知道壞消息，這是不可取的，一旦壞消息傳到上司的耳朵裡或者是擺到了上司的面前，你就可能會吃不了兜著走。因此，遇到不好的消息，就應該及時進行彙報，讓上司知道事情的詳細經過，這樣既能避免惡果的蔓延，又能避免被老闆責問。

## ❽全權委託的工作也要彙報

不要以為全權委託就等於是上司撒手不管。他全權委託你一項工作，是對你的信任，如果你不及時彙報，就等於是對上司的不尊重，也難保他不會對你起疑心。

## ❾彙報工作時首先要說結果，上司最關心的就是這個

先向上司提示結果，就等於是讓上司吃了定心丸，也就有了相信介紹經過的前提條件。

## ❿彙報工作時需要嚴謹認真

在報告工作的時候，你不僅要談自己的想法和推測，還必須正確無誤地說出

事實。如果你在彙報工作的時候態度不嚴謹，談到關鍵問題時習慣用模糊性的語言帶過，注入「可能是」「應該能」來描繪推測的話，就比較容易對上司產生誤導，不利於他做出正確的決定，也會給你日後的工作帶來麻煩。因此，在表明個人意見的時候，你最好明確說明「這是我的意見」，以便於給上司留下足夠的思考空間，做出他的決斷。這樣，無論是對上司還是對自己，都不無裨益。

**話術 POINT ★★★★**

☛千萬不要忽視請示與彙報的作用，因為它是你和主管進行溝通的主要管道。你應該把每一次的請示及彙報工作都做得盡善盡美，主管對你的信任和賞識也就會慢慢加深了。

向上級彙報工作也要注意技巧。除了彙報的內容方面必須是主管所關心的工作，通常上司的時間是很寶貴的，許多無關痛癢的小事，若是逐一彙報，同時也有邀功之嫌，也浪費了上司的時間。

# 讓上司聽從於你的神奇溝通方法

在職場上，向老闆提意見、說服老闆，是一件比較困難的事情。哪怕你的老闆多麼地開明，但是內心裡隱藏著的驕傲也讓他們無法乖乖地聽從下屬的意見和建議。因為在他們看來，聽從下屬的意見並不是從諫如流，而有可能被下屬牽著鼻子走，成為下屬的附庸。為了避免出現這種情況，上司一般都不會想考慮下屬意見，更不會按照下屬的意見去做。

但是作為一名下屬、公司的員工，有責任地在一些事情上向上司提出自己的意見和建議。但是，在很多情況下，上司並不會採納他們的意見。遇到了這種情況，究竟該怎樣做呢？以下提供了幾種方法：

## ❶繞個彎子，避免正面碰撞

直話直說是一個人在交談之中致命的弱點。因為說話喜歡直來直往的人只考慮自己的感受，不會站在對方的立場上想問題，結果說出來的話就顯得太直，容易引起對方的不快，若不加以調整，很可能就造成雙方關係的破裂。

在和上司溝通的時候，作為下屬萬萬不能口無禁忌，直言相告，而是應該學會繞個彎子，以委婉的方式提出自己的意見。這樣就能避免雙方的正面碰撞，也

能讓上司更能聽進去你的意見。

## ②學會示弱，以突顯上司的優秀

在表達想法說出建議時，不少人的心裡都有著一種說不出的驕傲感，在姿態上就難掩居上臨下，在語氣上難免帶有教訓人的意思。這種自以為優越的心理是不可取的，尤其是在和上司交流的時候更是如此。如果你以這種方式和上司溝通，根本不可能達到預期的效果。為了達到目的，你就應該在上司面前學會示弱，以此來顯示出上司的優秀，進而滿足他的虛榮心，也好讓其能夠認真地傾聽你的意見和建議。

怎樣示弱才能取得良好效果呢？這就要視上司的具體情況而定。比如，在學歷不高的上司面前，不妨展示經驗有限，有過種種曲折難堪的經歷等，表明自己實在是個平凡的人；對婚姻狀況不好的上司，可以適當訴訴自己的苦衷：諸如健康欠佳，子女學業不好以及工作中諸多的困難，讓對方感到「他也有一本難念的經」；對於某些專業上過於強勢的上司，最好宣佈自己對其他領域一竅不通，袒露自己在日常生活中如何鬧過笑話，出過糗等。

## ③欲指出上司的不足，要以讚美為開端

儘管金無足赤人無完人，但很少有人願意被迫承認自己在某方面的不足和缺陷。如果作為下屬的你直接告訴上司「你存在什麼樣的缺點」就是在挑戰上司的權威，踐踏他的尊嚴，無論你的意見多麼正確，他反而都聽不進去，還會變相地去打擊你，報復你。

為了避免這樣的情況，在指出上司的缺失之前，要多做一些鋪陳，先讚美一下他領導有方、知識淵博、德高望重等等，然後再提出你的意見和建議。這樣

一來，上司就能明白你這樣做是真心真意地為他著想，是站在他的立場上考慮問題，也會比較願意採納你的意見和建議了。

## ❹讓上司以為主意是他自己想出來的

任何一個上司都不甘心自己的部屬比他強。「高處不勝寒」，上司普遍都會害怕自己的地位受到侵犯，任何一點風吹草動，都會誠惶誠恐，因此導致防範之心加重。所以，你的聰明和好想法不要輕易暴露出來，不妨適時裝裝「糊塗」，無意中將想法說給上司聽，或者巧妙地把自己的想法移植到上司的頭腦中，讓其以為主意是自己想出來的，這樣不僅保留了他的「面子」，還能讓他對你有所感激。

要想讓上司採納你的建議，比較合理的方式就是給他出一套選擇題：「對於這件事的解決，我想到了三個方案，但是應該使用哪一個，自己卻拿不定主意，可以請您給我意見嗎？」然後，再擺出你事先準備好的三套方案，並順便講述一下每種方案的利弊，最後再由老闆來拍板決定。──在你提供不同方案的時候，應該事先做好萬全的準備，弄清楚每一個細節。當然，如果你沒有這麼多方案的話也無所謂，只要是有一個正確的方法即可，為了顯示老闆的「英明」你在呈交該方案的時候，只要保持請教和詢問的方式就可以了。

☛沒有哪一位上司喜歡下屬對自己是盛氣凌人的態度，那樣只會讓他感到威脅，所以在與上司進行語言溝通時，要學會表達自我，語言要清楚，聲音要洪亮、語句要通俗易懂，表達的意思要讓上司很快明白，不要裝腔作勢。同時也不要盲目地與上司溝通，也不要沒有任何原則地同上司溝通，否則容易讓上司對自己生厭，更容易讓老闆遠離自己，從而自己的人生發展就會受到限制。

# 平行溝通，同事們之間的互動法則

FBI在執行任務和辦案的時候，為了有效地處理各種事情，都會先和同事進行溝通。這種同事與同事之間的溝通，通常被稱為平行溝通。這種溝通，FBI培訓中心主管博爾塔拉的話說就是：「建立在互相尊重、相互幫助、團結協作基礎之上的，不存在制約的關係，是一種平等的溝通形式。」與同事之間進行平行溝通能夠最大限度地凝聚團隊的力量，可以讓整個團隊朝著共同的目標去努力，最終來獲得工作的圓滿解決。

上級在進行下行溝通的時候，可以採用命令的方式，下級在進行上行溝通的時候，可以採用請教彙報的口吻。而同事間的平行溝通則不行，因為兩者的關係都是平等的，越是因為關係平等，分寸就越不好拿捏，說話的口氣如果重了些，會讓同事覺得你不尊重他，態度表現得過於謙恭，又容易引起同事的輕視。

那麼，究竟怎樣做，才能有效地完成平行溝通呢？以下幾種方法提供給讀者們參考：

# ❶溝通的時候要有平等的心態

　　這是進行平行溝通時必須要有的心態。對待同事不能像對待下級那樣用命令的口吻要求對方去做事，而是要以互相尊重為原則來溝通。只有這樣才能拉近與同事間的關係，使對方不會感到受到壓迫，溝通才能順利進行下去。

　　每一個人的內心深處都會有一個等級觀念。當一個地位比自己高的人用命令的口吻和自己說話的時候，聽話的人一般情況下都比較容易接受；但是，當一個地位和自己相等的人也如此說話的話，恐怕就會引起他的反感了。如此一來，溝通的雙方就很難繼續下去，甚至還會產生嚴重的衝突。

　　當然，在和同事進行平行溝通的時候，也不能把自己的地位放得太低，因為那樣的話就顯得有些自輕，也無法表現出自己的工作能力和個人魅力，容易把合作變成乞求幫助，也難免會被同事看輕。

# ❷用平和的語氣來化解在溝通中出現的分歧

　　在工作中，同事之間在對與一些事情的看法和某項工作方式的認識上，難免會產生一些分歧，這是非常自然的現象。正是因為有了分歧，人們之間才存在著溝通的必要，如果人與人之間的認識都是相同的話，也就沒有必要再大費周張去溝通了。

　　在和同事之間產生分歧的時候，我們需要做的是消除分歧，而不是將其轉化為不可調和的矛盾，從而引發大的爭執。因此，和同事之間產生不同意見時，無論你覺得自己多麼有理，意見多麼正確，都不能太自以為是，更不能強迫別人接受你的意見。而是要讓自己的心胸放寬一些，讓自己平靜下來，用平和的語氣客觀地說明，同時還要及時地傾聽一下對方的意見。這樣一來，你就能夠瞭解到對方的真實想法，也能夠從對方的意見之中瞭解到其合理的部分，然後再針對兩種

意見做出正確的判斷，耐心細緻地向對方講明哪種觀點正確，哪種方案比較有可行性。這樣一來，就能夠讓對方感受到你的真誠，也能把你想說的話正確地灌輸給他，從而讓溝通變得更加圓滿，也讓你們的感情更進一步。

## ❸ 建立起即時溝通機制

在電視和電影上，我們經常看到FBI在追蹤犯罪份子的時候會用對講機之類的通訊工具呼叫同伴，從而讓同伴做出相應的協助，最終制服了犯罪份子。這種情形就是即時溝通機制的一種具體表現。對於FBI來說，在執行任務的時候，建立即時溝通機制非常重要，因為只有這樣才能夠讓同事及時地瞭解到工作動態，從而做出正確的應對措施，才能快又有效地完成任務。

在工作中，我們也應該和同事之間建立起即時溝通機制。比如，幾個人分工去完成一項艱巨的工作任務，你就應該不定時地將你的工作進展情況告訴你的同事，同時也要對同事給你提供的資訊做好及時的回饋。這樣一來，就能夠讓你們對整個工作的進展程度有一個大致的瞭解，讓團結合作發揮最大的功效，以便於更好地去完成工作任務。

## ❹ 用對待朋友的方式來和同事進行溝通

有不少人認為，同事之間是工作上的合作者，但更是利益衝突的製造者，不可能和他們成為好朋友。基於這個原因，許多人在和同事進行溝通的時候，往往擺出一副公事公辦的面孔，除了工作需要之外，不願意多說一句話。這種溝通方式自然不能引起同事的好感，也會影響到工作的進展。

在這一點上，FBI比我們做的要好得多。他們從來不把同事當成競爭者，而是看成同一陣線裡的戰友，在工作上，他們密切合作，在生活上，他們相互幫

助，在業餘時間，他們無所不談。他們在與同事溝通的時候，很少板著臉孔說話，而是以對待朋友的方式來對待同事。這些，正是我們應該學習的地方。

## ❺ 用真誠的言語來和同事溝通

「真誠不僅僅是一項美德，同時更是一種有效的溝通藝術」。在和同事之間進行溝通的時候，FBI從來不會有所保留，也不會害怕被別人搶了功勞而故意編造虛假的資訊，而是切實做到了真誠溝通。遇事實話實說，溝通推心置腹，因此，他們和同事的溝通就非常成功。

我們在工作中，也應該真誠地對待自己的同事。不能由著性子胡來，更不能使用一些陰謀詭計來陷害同事。須知，這個世界上沒有傻子，你可以欺騙同事一時，卻不能欺騙他一世。一旦他識破了你的謊言，瞭解了你設計的陷阱，那麼，他就會採用更加激烈的方式去打擊你。到了最後，同事就可能會變成不共戴天的仇人。

## ❻ 以大局為重，多補台少拆台

如果你的同事身上有一些缺點，在工作的時候出現了一些錯誤，你可以在私人場合下委婉提出，好言相勸，而不能在外人面前對你的同事品頭論足、說三道四、惡意攻擊。因為你的做法不僅會影響同事的外在形象，更會損害到你在別人心中的地位。

因為工作關係，同事之間走在了一起，組成了一個共同的集體。我們每一個人都應該有整體意識，要以大局為重，與同事形成利益共同體，而不能勾心鬥角，相互拆台，因為這樣做不僅不利於你的人際關係培養，還會損害到你的切身利益。

# ❼工作出現分歧，懂得求大同存小異

　　同事之間由於經歷、立場等方面的差異，對同一個問題，往往會產生不同的看法，引起一些爭論，這都是很正常的事情，萬萬不能因為出現分歧就全盤否定你的同事，更不能因為爭執誰對誰錯而傷了和氣。

　　與同事有意見分歧時，一是不要過分爭論。從客觀上來說，人接受新觀點需要一個過程，主觀上往往還伴有「好面子」、「好爭強奪勝」心理，彼此之間誰也難服誰，此時如果過分爭論，就容易激化矛盾而影響團結；二是不要一味「以和為貴」。即使涉及到原則問題也不堅持、不爭論，而是隨波逐流，刻意掩蓋矛盾，這樣的話非但不能解決問題，也難以贏得同事的尊重。在面對問題的時候，特別是在發生分歧時要努力尋找彼此的共識，爭取求大同存小異。實在不能一致時，不妨冷處理，表明「我不能接受你們的觀點，我保留我的意見」，讓爭論淡化，又不失自己的立場。

# ❽在發生矛盾時，要寬容忍讓，學會道歉

　　同事之間會有一些糾紛、衝突，這是很正常的，但要學會妥善處理，否則就容易形成大矛盾。在和同事發生矛盾的時候，不要一味指責對方，而是要學會從自己身上找原因，換位思考多替他人想想，避免矛盾激化。如果已經形成矛盾，自己又的確不對，要放下面子，學會道歉，以誠心感人。

# ❾同事升遷、獲利，要真誠祝福

　　同事當中有人被升職或加薪、嘉獎的時候，都要及時獻上真誠的祝福。我們決不能平日裡一團和氣，遇到利益之爭，就當「利」不讓。或在背後互相讒言，或嫉妒心發作，說風涼話。這樣既不光明正大，又於己於人都不利，因此看到同

事獲得升遷、加薪、分紅時，也要時刻保持一顆平常心。

👉在工作中，同事是我們接觸頻率最高的人，因此，和同時建立起良好的溝通關係無論是對於個人的發展還是對工作來說都非常有意義。如果一個人不能和同事建立良好的溝通關係，不但會被同事所孤立，也難以把工作做好。與同事之間進行平行溝通能夠最大限度地凝聚團隊的力量，可以讓整個團隊朝著共同的目標去努力，最終來獲得工作的圓滿解決。

# 恩威並舉的下行溝通方式

**71**

在FBI內部，除了下屬要和長官進行上行溝通之外，長官也要和下屬進行溝通。長官對下屬的溝通被稱作是下行溝通。在進行下行溝通的時候，最常用的方式就是恩威並重。這種溝通方式效果相當顯著，它既能夠展現出長官的權威，又能能夠讓下屬產生感激之情。

恩威並重的溝通方式一般運用於下屬犯錯的時候。下屬在工作上出現了問題，長官和上司就必須要及時指正，以便於讓其得到及時的改正。為了讓對方認識到錯誤，長官會擺出一副威嚴的樣子，用比較嚴厲的語氣去進行批評和說教，另一方面，為了維護對方的自尊心，長官在批評之後會再對他們進行一番安撫與勸慰，用懷柔之術來消除對方可能存在的懷恨之心。

在職場中，下屬們難免會犯一些錯誤。作為他們的上司，有義務和權力去進行批評和指正。不過，在批評的時候，不能一味地採用嚴厲的方式，而是要採用恩威並重的方式。因為這種方式能讓下屬在改正錯誤的同時不會產生逆反的心理，也能再以更好的心情投入到下一步的工作當中。

老趙是一家大型超市的部門經理，主要負責倉庫的管理工作。他的手下有幾名組員，這幾名員工工作非常認真，但有一點小毛病就是喜歡貪小便宜，為此，老趙沒少批評過他們。

一天，老趙在清點倉庫的時候，發現少了幾箱高單價的酒和幾條名

牌菸。——這肯定是那幾名員工幹的，因為倉庫的鑰匙平常都是放在值班室的抽屜裡，除了老趙和那幾名員工之外，沒有人能拿得到。老趙非常憤怒，就把員工們叫進辦公室，嚴厲地訓了他們一頓。當然，因為沒有充足的證據，根本就沒辦法說是他們偷的。所以，老趙也只能訓斥他們看管不力的錯誤。

等這些員工們低頭認錯後。老趙就放緩了語氣，語重心長地對他們說：「我知道你們工作都非常努力，也明白這些事不是你們做的，但為什麼要訓你們呢？這是因為你們有看管倉庫保證不讓物品丟失的責任啊。我知道，你們工作都很努力，從不偷懶，也知道你們的工資不多。這些問題，我正在想辦法向公司溝通，爭取給你們加薪。你們先耐心地等幾天，把手頭的工作做好。你們想，如果你們連工作都做不好，我還有什麼籌碼要求公司給你們加薪呢？」員工們聽完之後，都覺得趙經理說得很有道理，也都感覺非常對不住他，就紛紛表示，以後絕對會忠於職守，不會讓丟失物品的事情再發生了。

從此之後，那幾名員工工作就更加認真了，倉庫裡就再也沒有出現物品丟失的事。

從上述故事來看，老趙知道物品丟失是那些員工們做的，就對他們發了一頓脾氣，嚴厲地訓斥了他們。但是，他的批評卻很有分寸，沒有用太多苛責、或人身攻擊的字句，反而還站在他們的立場上對他們進行了一番勸說。這就讓那些員工們有了被尊重的感覺，因此就沒有任何負面的情緒，以後的工作也就更加努力了。自然失竊的事情就再也沒有發生過。

對於下屬們來說，在工作上犯下失誤是不可避免的事情，作為他們的上司，對其進行批評和教育是有必要的。這時就需要進行下行溝通。不過，在和員工們進行溝通之前，應該瞭解溝通的真實目的是什麼，如何做才能讓下屬既能改正錯誤又不會產生任何負面的情緒。如果上司只知道「威」而忽視了「恩」，一味地使用奚落、諷刺、挖苦、嘲笑的方式去和員工溝通，那麼，員工必定會產生逆反的心理，他們嘴上可能不會說什麼，但是在以後的工作當中肯定會沒有熱情，只會敷衍了事。再者，嚴厲的批評還會嚴重地傷害下屬的心理，從而讓員工的自尊心被摧毀，自信心被打擊，智慧被扼殺，工作自然也就毫無進展可言。一旦員工出現了這樣的狀態，那麼無論是對公司還是對他們個人來講，都是有百害而無一利的。

當然，上司在和下屬進行溝通的時候，也不能片面地追求「恩」而忽視了「威」。如果一名上司老是扮演好好先生，從不發脾氣，總是笑容滿面地和下屬進行溝通的話，也難以有所效果。畢竟，那樣的話，就會讓下屬失去了應有的敬畏之心，甚至還會給下屬留下一個好欺負的印象，如果一個上司淪落到這種地步的話，想做什麼事情都做不成了。

**話術 POINT**

☛在和下屬進行溝通的時候，既要懂得發威，還要學會施恩，做到恩威並施，這兩項手腕必須具備，缺一不可。唯有如此，才能讓上司和下屬的溝通順利到位。

# 批評下屬要善用「三明治法」

在下屬做錯事的時候，上司自然有權力糾正、批評他。但是，採用什麼樣的方式卻是一個令人頭痛的問題，批評得輕了，下屬不會放在心上，批評得重了，又怕產生反效果。那麼，如何做才能讓下屬心悅誠服地接受呢？FBI告訴我們，這就需要用「三明治法」。

什麼是三明治法呢？我們先來看以下這個故事：

FBI探長亞力桑德羅的女秘書外型十分亮麗，但是在工作上卻馬馬虎虎，經常出錯。一天早晨，當這位女秘書光鮮亮麗地走進辦公室時，亞力桑德羅對她說：「今天你穿得真漂亮，適合你這樣年輕漂亮的小姐。」女秘書聽了笑顏逐開。亞力桑德羅又說：「我相信你處理的公文也能和你一樣漂亮。」從那一天開始，女秘書在處理文件的時候就很少再出錯了。

探員阿曼德知道了這件事，就好奇地問亞力桑德羅：「你的方法怎麼這麼有效呢？」亞力桑德羅笑著告訴他：「這很簡單，你看過理髮師給人刮鬍子嗎？他要先給人的臉上塗上刮鬍泡泡。這是為什麼呢？就是為了刮起來不會令人覺得痛。」

亞力桑德羅的批評方法被稱為「肥皂水法」，又稱「三明治法」，用於向對方委婉地提出批評性的建議。就是將對他人的批評包裹在前後肯定的話語之中，減少批評的負面效應，使被批評者舒服地接受別人的指正。

在批評心理學當中，人們通常喜歡將批評的內容夾在兩個表揚之中，以便於讓受批評者愉快地接受。這種現象就好比是三明治，第一層總是認同、賞識、肯定、關愛對方的優點或積極面，中間這一層夾著建議、批評或不同觀點，最後一層則是鼓勵、希望、信任、支持和幫助，使之後味無窮，也能產生神奇的功能，這種批評的方法，不但不會挫傷受批評者的自尊心和積極性，還能讓其積極地接受批評，主動改正自己的不足之處。

「三明治」法為什麼能夠產生如此大的效果呢？主要是它有如下幾點原因：

## ❶三明治法的去防衛心作用

人們在潛意識裡都會對別人批評會產生抗拒心理。如果一開始就是直接地批評，聲色俱厲，頤指氣使，厲聲痛斥，那麼，對方就會產生一種自然的防禦反應以保護自我。一旦對方產生了這種防衛心態，就再也聽不進你的批評意見了，無論你的意見多麼正確，最終也是徒勞。如果你能在批評之前，說一些親切關懷、讚美之類的話，就可以製造一個友好的溝通氛圍，也能讓對方平靜下來，安心對話。由此可見，三明治的第一層就發揮了去防衛心的作用，使受批評者樂於接受批評者。

## ❷ 三明治法的去後顧之憂作用

批評之中，難免會有一些讓人難以接受的話語，如果一而再再而三地說這些話，等到批評結束之後，就會讓人心有餘悸，搞不清楚批評者是在幫助他還是在懲罰他，因此，難免就會多想，會有後顧之憂。而三明治法的最後一層則起到了去除後顧之憂的作用。它常常給予受批評者的鼓勵、希望、信任、支持、幫助，使受批評者振作精神，重拾信心，走出情緒的低谷。

## ❸ 三明治法給受批評者以面子

批評只是改善行為的手段，而不是目的。三明治式的批評方法，既指出了問題，同時也易於讓人接受，而且不留下後遺症。之所以會出現這樣的效果，主要歸功於這種批評方式不傷害兩方的感情，不損壞人的自尊心，能夠激發起被批評者的向善之心，讓人的積極性始終維持在良好的行為上。

比如，某個員工上班遲到了，深諳三明治法的上司就會這樣對她說：「你一向都表現得很優秀，最近是不是身體不舒服啊？要不然的話，你是不會遲到的。按照公司規定，遲到是要受到一些懲處的，你說對嗎？如果身體感覺不舒服的話，就別硬撐著，趕緊去看醫生吧；如果家裡有事兒的話，你可以先跟我打個招呼，我們大家都可以幫助你的。好好做吧！」這樣即達到了目的，又堅持了原則，還照顧到了受批評者的面子。反之，如果採用比較激烈的方式去批評，說一些諸如：「不想做就走人」，「公司不是你家」，「你這不是在故意和公司作對嗎？」之類的話，勢必會引起對方的反感，甚至還有可能造成激烈的衝突，更遑論取得良好的效果了。

👉要讓對方真正接受你的要求或目的，「三明治溝通」法是比直接批評更好的方式，凡事先說對方優點、再指出缺點、最後再強調對方優點！

為了讓對方更樂於接受，在你表達自己的核心意見之前，先對對方的相關方面表示認同與肯定。意見表達完畢，別忘了給他希望和鼓勵，以使他保持信心和愉悅的心情，不至於有被打擊的挫折感。

國家圖書館出版品預行編目資料

FBI不輕易曝光的機密說話術 / 楊智翔 著.
--初版. --新北市中和區：創見文化 2013.07
面；公分 （成功良品；57）

ISBN 978-986-271-371-6(平裝)

1.職場成功法　　　2.溝通技巧

494.35　　　　　　　　　　　102009458

成功良品 **57**

# FBI不輕易曝光的機密說話術

出版者／創見文化
作者／楊智翔
總編輯／歐綾纖
文字編輯／蔡靜怡
美術設計／蔡瑪麗

本書採減碳印製流程，碳足跡追蹤並使用優質中性紙（Acid & Alkali Free）通過綠色環保認證，最符環保要求。

郵撥帳號／50017206 采舍國際有限公司（郵撥購買，請另付一成郵資）
台灣出版中心／新北市中和區中山路2段366巷10號10樓
電話／（02）2248-7896　　　　　　傳真／（02）2248-7758
ISBN／978-986-271-371-6
出版日期／2019年最新版

全球華文市場總代理／采舍國際有限公司
地址／新北市中和區中山路2段366巷10號3樓
電話／（02）8245-8786　　　　　　傳真／（02）8245-8718

全系列書系特約展示
新絲路網路書店
地址／新北市中和區中山路2段366巷10號10樓
電話／（02）8245-9896
網址／www.silkbook.com

創見文化 **facebook** https://www.facebook.com/successbooks

本書於兩岸之行銷（營銷）活動悉由采舍國際公司圖書行銷部規畫執行。

線上總代理 ▪ 全球華文聯合出版平台 www.book4u.com.tw
主題討論區 ▪ http://www.silkbook.com/bookclub　　🔲 新絲路讀書會
紙本書平台 ▪ http://www.silkbook.com　　🔲 新絲路網路書店
電子書平台 ▪ http://www.book4u.com.tw　　🔲 華文電子書中心

ℬ 華文自資出版平台　　全球最大的華文自費出版集團
www.book4u.com.tw
elsa@mail.book4u.com.tw
iris@mail.book4u.com.tw　　專業客製化自資出版 ▪ 發行通路全國最強！

創見文化，智慧的銳眼
www.book4u.com.tw   www.silkbook.com